U0561829

共生时代

开启机器与人类共存的新未来

[英] 露丝 · 艾利特
[英] 帕特丽夏 · A. 瓦格斯◎著
陈聪◎译

中国出版集团
中译出版社

LIVING WITH ROBOTS: What Every Anxious Human Needs to Know by Ruth Aylett and Patricia A. Vargas

著作权合同登记号：图字 01-2024-3438 号

图书在版编目（CIP）数据

共生时代：开启机器与人类共存的新未来 /（英）露丝·艾利特，（英）帕特丽夏·A. 瓦格斯著；陈聪译 . 北京：中译出版社，2025. 3. -- ISBN 978-7-5001-8146-0

Ⅰ. TP242-05

中国国家版本馆 CIP 数据核字第 20255UV806 号

共生时代：开启机器与人类共存的新未来

GONGSHENG SHIDAI: KAIQI JIQI YU RENLEI GONGCUN DE XIN WEILAI

著　　者：[英] 露丝·艾利特（Ruth Aylett）
　　　　　[英] 帕特丽夏·A. 瓦格斯（Patricia A. Vargas）
译　　者：陈　聪
策划编辑：于　宇
责任编辑：于　宇
文字编辑：李晟月
出版发行：中译出版社
地　　址：北京市西城区新街口外大街 28 号 102 号楼 4 层
电　　话：（010）68002494（编辑部）
邮　　编：100088
电子邮箱：book@ctph.com.cn
网　　址：http://www.ctph.com.cn

印　　刷：固安华明印业有限公司
经　　销：新华书店
规　　格：880 mm × 1230 mm　1/32
印　　张：9.75
字　　数：176 千字
版　　次：2025 年 3 月第 1 版
印　　次：2025 年 3 月第 1 次印刷

ISBN 978-7-5001-8146-0　　定价：79.00 元

中　译　出　版　社

感谢彼得·艾利特，他是我的榜样，也是我在计算机领域的引路人；感谢罗伯·琼斯，我们志同道合，他的热忱让我得以拥有四个机器人孩子，并成为一名活跃的机器人研究者。

感谢我的搭档露丝·艾利特的全力支持和无条件的爱。

她总能宽慰我，让我感到安全。

——帕特丽夏·A. 瓦格斯

目录

序言

拿起这本书时，你或许会想“好吧，又是一本写机器人学和人工智能的书”。但在把这本书放下之前，请允许我向你保证，它会让你耳目一新。如果你同我一样不愿被灌输毫无意义的内容，那么这本书一定是你想要的。

我们都听过华而不实甚至毫无根据的言论，这些言论是商业的产物。1957 年，我得到了一把梦寐以求的射线枪，那是我的圣诞礼物，但这份礼物带给我的失望让我至今记忆犹新。所谓的射线枪原来只是一把有三种颜色小灯的火炬。往好处想，这份礼物至少让我明白广告会夸大其词，并教会我在选购玩具时要小心再小心。

但同人工智能及机器人学面临的炒作相比，这种过度营销简直是小巫见大巫。对机器人本质和能力的错误言论、过度吹捧从未间断。早在 1927 年，美国应用公司打造的一款机器人就在世界范围内得到广泛报道。媒体称，这是一款新型家用“用人”，未来十年可包揽所有家务。这是第一次关于机器人的炒作，自此，相关的宣传和炒作源源不绝。

机器人强烈激发着人们将人类或动物属性投射到无生命物体上的本能。销售人员和设计师早已开始利用拟人化或兽形化策略。在汽车设计中尤其能看到这一点，咄咄逼人的“咬牙切齿”车型、可爱的家用汽车都是活生生的案例。环顾四周，看看你能找到多少张“脸”。或许你还意识不到自己正在把动物特征投射到物体上，但这些特征不仅会影响你看待它们的方式，与它们互动的方式，甚至还会影响你选购哪种产品。

让机器人具备人性化特征会产生强大的影响。机器人可独立运动，像动物一样，但要生硬许多。科学家们提出，机器人在无生命和有生命之间形成了一种新的感知类别。这都是圈套。市场上许多人形机器人都被设计成可爱的卡通人物形象，它们会摇头卖萌，也会做动作引人注意。在商业场合、会议、节日甚至电视上的机器人会受到隐藏起来的操作员的控制。机器人也可能有剧本，可以根据事先收集的问题提供准备好的答案，通过它们说话来传递操作员的想法。

伤害从哪儿来？机器人不是只会带来笑声和乐趣吗？其实，伤害源于创造了一种过分高估机器能力的神话。这个神话让人们相信可能有一种新的存在范畴。

这既过度夸大了人工智能，也过度放大了对机器人的宣传，毕竟只有人工智能才会被用来控制机器人。

20 世纪 50 年代初，人工智能领域就雄心勃勃，希望打造一款能像人类一样思考的计算机软件。20 世纪 80 年代，智能的概念像通货一样膨胀，会“思考”已经不能满足人们的期待了。现在，计算机必须拥有超级智能，它们很快就会拥有超越人类的智商，夺取控制权，要么作为新物种惠及人类，要么像“终结者”一样消灭人类。

我不知道这种场景是否会发生，也没有人知道，但我从未见过任何科学证据，能够证明上述情况会成为现实。深度思维公司（DeepMind）打造的程序 AlphaGo 在高度复杂的围棋游戏中击败了当时的世界最佳棋手，但即便这个成就令人难以置信，它的发挥空间也仅限于围棋游戏。除围棋之外，AlphaGo 毫无用武之地；即使是围棋，它也不能理解棋局是什么，哪怕是它参与的那场棋局。程序不在乎输赢。科学通过 AlphaGo 取得的进步，就像登月旅程中向上迈出的一步台阶。

炒作、神话以及愚蠢的言论在 20 世纪并没有产生很大的负面影响。但时代变迁，当前过度炒作、高估机器人和人工智能的能力正将人类引向危险之中，会对社会造成负面影响。

使用计算机程序做影响人类生活的决定就是一个很好的例子：用算法决定谁能得到按揭贷款、护照或者一份工作，甚至被捕时是否能得到保释。事实证明，广泛使用发展迅速的“决策算法”大错特错。人们急于推出这些算法，并没有对其进行有效测试，最后导致算法出现种族、民族和性别偏见。但算法不公正的广泛出现，只是人们误解技术局限性的后果之一。

让人更加忧心的后果是，某些军事大国正在开发这些带有偏见的算法，它们一心想要打造战斗机、坦克、战舰和潜艇等机器人武器。人工智能无法理解和遵守战争法，但机器人武器将自主行动，找到目标，在没有人类监督的情况下杀死目标。这举动多么疯狂，这一切都来自对机器人和人工智能的炒作。

但我们也应承认，机器人和人工智能在应对气候变化和全球流行病的新形势中有极大的潜力，造福人类。本书在帮助人们理解这项技术的能力和局限性方面做出了很大贡献。如果你喜欢的是童话般的机器人故事，那么这本书不适合你，因为本书将戳破炒作带来的泡沫，告诉读者机器人在人类生活中的重要性及它们做不到什么。

诺埃尔·夏基

2020 年 6 月

前言

新闻媒体的标题总会说，具备类人能力甚至超人能力的机器人近在咫尺。经济报告将机器人列为严重威胁就业的因素，称英国有1500万个就业岗位会受到威胁。从媒体上获知的信息让人们产生更多恐惧。但我们真的应该担忧吗？是否应当禁止或高度管控研究智能机器人的行为呢？[1]我们能和机器人共同生活吗？如何可以实现，又该怎样实现呢？

本书认为，要理解机器人将带来何种影响，无论是正面影响还是负面影响，最佳方式都是掌握机器人的本质，即赋予机器人形体、动力源、移动性、感知能力，以及设定并实现目标的技术。人们将看到，哪怕是对于人类而言极易处理的日常生活环境，都是机器人难以逾越的天堑。本书将分析让机器人像人类一样在人类环境中生存时，哪些能力容易获得，哪些任务困难重重。

首先，让我们从用来描述机器人的语言说起。毕竟，语言是一种工具，帮助人们理解机器人能做什么，是否应该忧虑机器人的发展。

人工智能的先驱之一马文·明斯基（Marvin Minsky）认为有一类词汇是“手提箱词”（suitcase words）[2]，指的是具有多种不同含义的词汇，理解这些词汇通常需要联系上下文。明斯基给出的手提箱词包括“意识”“情感”“记忆”“思维”和“智能”等，其中许多词汇都出现在关于机器人的讨论中。人们用“意识”描述机器人是否具有自我意识或生命；“情感”用来区分人和酷似人类但并非人类的机器人；“思维”和“智能”，甚至“超级智能”，则突出了人们对机器人未来发展的担忧。

明斯基认为，给这些词语下定义十分困难，人们需要解读这些词语在不同语境中所表达的特定含义。“十分困难”反映出即使是相关领域的专业研究人员，他们在词汇的定义上仍旧莫衷一是。许多专家认为“智能”是用词不当，因为智能根本不是客观存在的事物，更谈不上测量智能。如果人类智能本身就是一个手提箱词，那么该如何看待人工智能这个表达呢？人们是想通过这个词表达什么意思呢？当然，将这些重要词汇看作承载多种含义的手提箱，这一事实本身并没有降低对机器人和机器人技术进行现实评估的难度。

本书的关注点是解读，将机器人看作一种人工制品，而非让人类焦虑的占位符。

第一章从2500年以来的机器人装置开始介绍，探索当前公众恐慌的根源。第二章探讨“机器人”这个词语在机器人专家眼中的真正含义。接下来的章节主要关注如何赋予机器人一些基本能力：第三章关注运动；第四章关注感知；第五章讲述了机器人如何知道自身所处的位置，如何导航到应该去的地方；第六章研究抓取和触摸，以及截肢者和其他残障人士使用的机器人仿生假肢；第七章将解析“智能”这个大词，分析专家对此给出的定义，专家们的想法可能会让人工智能领域的外行读者大吃一惊。第八章解密的是另一个手提箱词“学习”，并解释学习可以为机器人提供什么，不能提供什么。第九章跳出单一机器人范畴，将目光转向机器人群体、用于机器人足球和搜救的合作机器人，以及同人类一起工作的机器人。第十章阐释了为何情感模型可以帮助机器人在互动中表现得更加顺畅。第十一章追述了社交机器人的发展进程。第十二章讨论了语音和语言交互，这是所有人都希望机器人具备的功能。最后，第十三章回到伦理和社会影响的宏大问题上：杀手机器人、性爱机器人，以及机器人是否真的会取代你的工作。

循着本书脉络，我们将看到机器人如何匹敌人类和其他生物。我们也将看到，在提升机器人性能的过程中，人类机器人科学家是如何开始欣赏自然生物的奇妙之处的。

第一章 我们为何如此恐惧机器人

机器人的发展历程

故事要从一种性爱机器人讲起。

古罗马作家奥维德在《变形记》（*Metamorphoses*）中讲述了一个古塞浦路斯人的故事。故事的主人公皮格马利翁是我们所说的厌女症患者，他认为所有女性都恶习缠身，不愿与她们打交道。但作为一名雕塑家，皮格马利翁创造了一尊栩栩如生的理想女性的雕塑，并爱上了她。他将这尊雕塑搬到卧室，终日亲吻和爱抚，与她相视。最后，绝望的他来到维纳斯神庙，向神祈祷，让这尊雕塑成为他的妻子。维纳斯应允，让皮格马利翁的雕塑拥有了生命，成为盖拉蒂娅。当然，这个故事是虚构的。[1]

盖拉蒂娅并不是机器人，但十分接近如今的人形机器人（android）[2]。这个词发明于 18 世纪初期。“理想女性源于男性的创造”这一思想在如今的性爱机器人上得到了延续——性爱机器人是传统真人充气娃娃的机械化版本。

今天，许多人形机器人被塑造成了年轻女性，这一趋势令人担忧，却也是“理想女性源于男性创造”这一思想的体现。如果某些机器人类型的出现可以追溯到皮格马利翁的故事，那么机器人的第二条思考线索则可以追溯到另一些神话故事。这些神话同样讲述的是雕塑被赋予生命的故事，但与金属加工技术紧密相关，且更强调劳动者的力量和能力。[3]

在希腊神话中，由铁匠神赫菲斯托斯创造的巨大青铜人塔罗斯就是其中一个例子。宙斯使欧罗巴受孕，塔罗斯为保护怀孕的欧罗巴而生。宙斯曾化身成白牛掠走欧罗巴，将怀孕的她留在克里特岛后独自离开。塔罗斯每日绕岛三周，防止其他人绑架或者营救欧罗巴。据说，赫菲斯托斯也创造了另外一个金属人在他的工坊里帮忙。代达罗斯是克里特岛米诺斯国王宫廷中的一位发明家，他同样创造了许多具有生命的金属雕塑。代达罗斯给雕塑注入水银，让雕塑具有了语言能力。在一些故事中，代达罗斯的雕塑需要被捆绑起来，否则这些有生命的雕塑会自己游荡。[4]

到这里，神话故事的重点已经不再是美貌与性吸引力，而是令人畏惧的力量与刀枪不入的特质。与皮格马利翁不同，代达罗斯故事的关键点在于技术：赋予生命的不再是来自神的力量，而是技术。在神话中，机械人物的创造者既有神，也有传说中的发明家，但这些故事暗含的意思是，神的启示并非关键因素，金属制造技术才是。

神乎其神的力量赋予生命，不可思议的技术打造类人甚至超人的产物，这两大主题延续至今。这些主体虽然不是机器人，但与机器人一样填补了人类心灵中的某片缺失。正如科幻小说作家阿瑟·C. 克拉克（Arthur C. Clarke）所言，“任何足够先进的技术都与魔法无异。”神话里，高超的工匠或发明家打造的产物与神秘魔法力量创造的产物往往界限模糊。即使在今天，对机器人的描写也同样无法简单归于真实技术或者令人生畏的神秘成就。就像我们将看到的那样，影视作品中的机器人同神话有着诸多相似之处。[5]

在古代，人们不只满足于讲述故事，更是在创造类似机器人的人工制品。埃及的主要港口亚历山大港就是这项技术的中心。最早有记录的亚历山大工程师名叫克特西庇俄斯，生活在公元前 3 世纪。克特西庇俄斯可能是亚历山大图书馆的首任馆长，他记录了自己的大量工作。虽然他的著作本身没有流传下来，但其影响力巨大，被多方引述。这些作家的作品流传至今。

使雕塑或者金属战士们具有生命的力量源泉，在神话故事中被轻描淡写或归诸神力，但工程师需要解决真实世界的问题。当然，电力这种如今最常见的工程元素在当时是不存在的。克特西庇俄斯建造的装置是利用气压与液压，通过泵压缩空气或带动水流。他在手册中阐释了如何建造泵，并描述了一台用于压缩空气的弹射器和一架水动力风琴。

他也设计出在水钟上报时的气动鸟。在17世纪钟摆诞生之前，这种水钟一直是最精确的计时装置。[6]

机械鸟在君主宫廷中的表现惊艳四方，也因此成为工程师打造机器人装置的钟爱之选。巴比伦国王哈里发的庭院中，唱歌鸟站在人造树上的场景，在查理曼大帝时代被写进歌谣，也出现在同时期的拜占庭君主宫廷中。它们被安装在10世纪的萨迈拉树宫，也出现在阿拉伯世界里。[7]

可以说，在古代世界，机器人装置的创造有三个目的：性和劳动是其中两个，观赏或娱乐构成了第三个目的，唱歌的机械鸟就是一个很好的例子。这种理念延续至今，银行或博物馆利用电子恐龙、机器人玩具和机器人营销，给来访者留下深刻印象。

古代社会也制造出诸多比机械鸟更令人连连叫绝的机器人装置。亚历山大国王托勒密二世在公元前279—前278年下令举行了一场盛大的游行。游行中，一尊名叫妮莎的巨大女性雕像——坐着时有12英尺高——站到最高点，倒了一杯牛奶，然后又坐了下来。对于妮莎的设计结构，我们没有更多资料，但最近的分析显示这尊雕塑是一个由凸轮和重锤以及链轮或齿轮构成的复杂机械。[8]

亚历山大最后一代工程师希罗曾参与设计两个含有多个活动雕像的大规模项目：一个是移动的狄俄尼索斯神殿，内有一小尊神的雕塑和他的女祭司，另一个是微型剧院，里面上演着一出微型戏剧。[9]剧院可以自动翻转出舞台，小小的雕塑出演一组多场景悲剧。演出结束后，剧院便再次翻转。其动力源头是由沙钟控制速度的大型下落式重锤，拉动重锤可以为控制微型雕塑的连杆和齿轮提供力量。[10]

同时代或后世对这些古代器物的记载，无不流露出惊奇与震撼。从这些记述中，我们体会不到担忧的情绪，没有人担心这些类机器人装置会产生威胁，抑或取代人类。当然，才华横溢的工程师屈指可数，他们制造的一次性装置也无法引发“机器人军队”的联想。我们也未曾看到任何揣测称这样的工程机械可能会令人失业。在许多古代社会，“真正的工作”是由奴隶完成的。那些时代里，探讨可活动装置的人不会觉得自己要像奴隶一样工作，人们根本不会想到这一点。当然，亚历山大工程师希罗发明的蒸汽引擎并未实现自动化或被工厂量产，它主要用于开放式神庙门等的景观设计中。当今的人们同样会习惯同时代机器人技术带来的奇观并为之震撼，但社会与经济背景的差异使我们在看待同时代机器人和早期装置上，态度截然不同。

液压与气动为动力源限制了古代可活动雕塑的能力，雕塑必须与笨重且无法引动的动力源捆绑在一起。但塔罗斯和代达罗斯打造的科幻助手却可以自由移动，这是当时的技术无法完成的。14 世纪，随着机械驱动的发条进入西欧社会，这一形势开始有所改变。那时最广为人知的可活动雕塑出现在法国北部的赫斯丁城堡。[11] 即便这组雕塑收藏仍是由液压驱动，但由发条驱动的雕塑正越发深入人心。

在古代，弹簧驱动的发条装置虽然家喻户晓，但相较于水和压缩空气作为动力来源，流传至今的文献中对发条的讨论少之又少。唯一一个确定的弹簧驱动装置也并非可活动雕塑，而是 1901 年发现于希腊安提凯希拉岛（Antikythera）附近一艘沉船的仪器，这件仪器被命名为“安提凯希拉机械”。该仪器可利用太阳系模型预测天文事件，功能类似模拟计算机。分析团队认为，安提凯希拉机械可以模拟太阳和月亮在黄道十二宫的运动，借此预测月食和日食。分析团队通过理论分析认为该装置是通过手动曲柄上发条的。[12] 这件仪器不太像一次性使用的。尽管没有切实证据证明古代社会存在发条驱动的雕塑，但弹簧驱动的发条装置在当时极有可能被用于其他机械。

制造发条机械所需的精密金属加工技术以及工程知识在某个节点从西欧世界隐去。14 世纪，这些技术与知识又慢慢现身于伊斯兰世界。其中的关键部件被称作“擒纵装置”，可规律带动时钟内的齿轮系统。到了 15 世纪，机械钟成为每个大教堂的必需品。工匠们用可活动雕塑进行点缀，制作出越来越多精美绝伦的机械钟。[13] 最初，许多机械钟由排列整齐的小雕塑组成，略显呆板，后来则出现了“报时器杰克”（clock-Jack），“看钟人”通过锤敲钟的方式进行报时。16 世纪，越来越多的机械小人出现了，工艺越发精巧。[14] 在威尼斯圣马可广场的钟楼上，不仅有两个巨大的牧羊人打点报时，还有东方三博士（Magi）列队行进。他们向圣母和圣婴鞠躬，一手呈上礼物，一手摘下头冠。[15]

最初，机械钟的动力来自缠绕在滑轮上的绳子。15 世纪，主弹簧开始用于储存驱动时钟所需的能量。弹簧系统的一大优势是小巧便携，这直接催生了怀表的出现。弹簧技术又使得可活动雕塑的精确度大幅提升。这些装置可在无人工干预的情况下实现复杂运动，因此被称为“自动机”（automata）。

意大利籍西班牙钟表匠胡安内罗·图里亚诺设计的微型僧侣就是一架早期自动机，建于 16 世纪 60 年代，被称为“发条祈祷者”。国立美国历史博物馆恰好有一个符合该描述的藏品，目前仍可运转。该藏品的外形是位身高有 30 多厘米的僧侣，它借助轮子移动。转杆会让这位僧侣每隔一段时间摆动一次，双脚上下交替让他看起来像在行走。他一手握着珠串，一手拍打胸脯，做出“认错”祈祷的手势。与此同时，这位僧侣的嘴唇也在上下翕动。[16]

如果这当真是胡安内罗·图里亚诺的作品，那么这个模型就是受西班牙国王菲利普二世委托制成的。那时他的儿子刚刚从一场严重的脑部损伤中恢复过来。菲利普二世是否喜爱这台自动机，现存记录未有描述，但现代观察者认为博物馆里的这台自动机“让人毛骨悚然”。这台自动机或许是下章“恐怖谷效应”理论的一个例证。虽然这台自动机的机械架构着实令人震撼，但它也只是供王室欣赏，除去满足好奇心，展示制造者高超的技艺外，并无他用。

弹簧发条虽使得模型人物能够自由站立，精准移动，但对这些人工制品的大小和重量都有限制。巨型弹簧需要巨大力量才可发生形变，同时巨型弹簧本身难以制成。由于重量过大，在某个节点，使得大型自动机产生位移的力会被巨型弹簧以及必要齿轮系统的额外重量所抵消。这些自动机的目的是打造奇观、娱乐观赏、获得声望和制造奇迹，并无实际应用，而几乎所有的实际应用都借助人力或以数量慢慢增多的水动力或风动力机器为动力源，例如磨坊。

然而，当前建成自动机确实引发了关于成为人类意味着什么的哲学讨论。如果自动机可以被打造成人的形态，是不是意味着人类身体也是某种机器？如果回答是肯定的，那这是否意味着人类整体也是机器？ 17 世纪上半叶，越来越多精妙的自动机被打造出来，法国哲学家勒内·笛卡尔也给出了一个颇有影响力的答案。笛卡尔认为，人的身体与人的思想具有完全不同的本质。身体是实在的，占据真实空间，而思想不是实在的，也不存在于真实空间中。笛卡尔提出这一观点以及“我思故我在”（I think, therefore I am.）的论断时，显然是在思考意识与自我意识。

这种肉体与心灵的二元论观点表明，机械装置本身不能算作生命，除非它拥有灵魂或心灵等某种非物质成分。这解释了为什么皮格马利翁的雕塑需要维纳斯才能拥有生命，也同样解释了为什么中世纪布拉格的犹太泥塑魔像必须在额头刻上上帝的话语才能成为超越泥土的存在。后来，在玛丽·雪莱（Mary Shelley）极具影响力的小说中，是电力让怪物弗兰肯斯坦拥有了生命。电力在 19 世纪人们的眼中是一股神秘的力量。现代机器人拥有人工智能：某种无法解释的能力发展使机器成为像人一样有自我意识的实体。在这个概念体系中，机器人的硬件部分是肉体，软件则扮演着脱离肉体的心灵。[17]

很多人不会将图里亚诺的僧侣模型看成机器人，这是因为他们认为那些模型只能完成一个机械化动作，十分死板，和现在的编程机器人不同。但从某种程度上讲，18 世纪下半叶瑞士钟表制造商皮埃尔·雅克特 - 德罗兹（Pierre Jaquet-Droz）的作品否定了这一看法。

瑞士纳沙泰尔的艺术与历史博物馆收藏了三台雅克特 - 德罗兹制作的自动机，分别是音乐家、画家和作家。这是三台极其复杂的人偶自动机。音乐家由 2000 个零件构成，画家有 2500 个零件，而作家足足有 6000 个零件。音乐家不是对着音乐盒默默歌唱，而是真实按动琴键演奏微型钢琴。头眼皆随手动，胸部起伏呼吸。画家可以完成四幅不同的画作，定时吹走附着在画笔上的灰尘。如今由机械臂绘制的人像图都无法与之媲美。[18]

制图员 - 作家（图 1.1）是三台自动机中最复杂的一个，也是现代意义上最引人入胜的一个。他可以书写任意一段 40 个字母的字符串。通过一个转轮预先设定 40 个字符。即便没有软件操控，这台机械也可通过硬件进行编程。作家身高超过两英尺，他手握鹅毛笔书写，每隔一段时间蘸些墨水，也会摇动鹅毛笔防止墨水飞溅。同音乐家一样，作家的眼睛也可追随着他的笔触移动。除去尺寸大小和发条驱动，作家具备很多如今机器人的能力。如果不强求实时感知环境和实时选择行动，他完全称得上是“第一台机器人”——制图员 - 作家是提前预设的。

现代机器人的技术基础是在工业革命开始的这一时期奠定的。机器编程的设计思路并非由雅克特 - 德罗兹创造，在当时，这一设计思路广为流传，特别是在纺织品制造领域。人们对带有复杂图案的锦缎等新型纺织品的需求已经促生了由纸带牵引的纺织机。[19] 在自动机被发明出来的几十年后，提花织机诞生，可通过打孔卡片上各个点有孔或没孔的状态来控制织布图案。首个纺织工厂出现于 18 世纪 80 年代，但金属加工机械化的过程时间更久。

图 1.1　图中自动机是 18 世纪另一位瑞士机械师亨利 · 马尔代的作品。这台被称作“制图员 – 作家”的自动机通过基于摄像头的存储器可以生成四幅画和三首诗。目前被保存在位于美国费城的富兰克林研究所（Franklin Institute）。

当今机器人

通过本书介绍的西欧可活动金属人偶发展历史可以发现，人类被类人工艺品深深吸引足有2500年之久。类人工艺品拥有与人类相似的外形，具备一定的人体功能但不是人类，这种设计思路似乎一直都是人们关注的焦点。在这段漫长的故事里，当今的机器人只占据了最后一百年。

从雅克特-德罗兹的时代向后跳跃150年，我们来到了1921年，这是一个完全不同的世界。电成为主要动力源；工厂自动化水平提升，可以大规模生产商品。民族国家间的一场世界大战导致数百万名青年死于机械化的屠杀。欧洲不再有奴隶制度，被束缚在土地上的农奴也消失于世，但人们对废除这些制度的记忆仍然鲜活。赋予所有人选举权的议会制民主取代了贵族统治的阶级社会；法令不再要求人们参与艰苦的劳动，雇佣制劳动开始盛行。

这也是一个后达尔文主义的世界，“适者生存”的思想导致了优生学计划和所谓的科学种族主义。这些思潮的支持者认为某些人群比其他人群更不适合生存在这个世界上。此外，达尔文主义否定了人类是上帝造物的假设，并强调许多物种已经灭绝。如同孩童初识死亡，我们突然意识到人类作为一个种族也有灭绝的可能。为什么是1921年？如果说皮格马利翁和塔罗斯的故事为早期类机器人机械的发展奠定了基础，那么 1921 年就为现代机器人的出现提供了故事基础。“机器人”（robot）一词首次出现于卡雷尔·恰佩克（Karel Capek）的戏剧《罗素姆的万能机器人》（*Rossum's Universal Robots*，简称 *R.U.R*）这部戏剧用捷克语创作，因此英文的“robot”其实是由捷克语单词“robota”翻译而来的，该词语的含义是被强迫的劳工。机器人取代了奴隶与农奴，让人类免于苦力劳动。

讽刺的是，与如今机器人一词的使用方式不同，恰佩克的机器人并非由金属制造。它们是由生物工程制造的人工生物，因此更接近于如今的人形机器人（androids）。恰佩克的机器人承袭了皮格马利翁打造的雕塑，并非塔罗斯的延续。

这部戏剧涵盖了如今使人们焦虑的一切因素。机器人的劳动力成本只有原来的五分之一，因此被大批量生产。机器人也无需报酬。世界经济开始依赖机器人。尔后，机器人像人类奴隶一样开始反抗，消灭了人类，只留下一名工程师。虽然大多数机器人无法繁育后代，创造机器人的配方也在混乱中遗失，但两个高等机器人相爱了。影片的最后，女性机器人怀孕了。简而言之，机器人夺走了每一个人的工作，取代了人类：其中有两个令当代人担忧的主题。

如同皮格马利翁复活的雕塑和塔罗斯，虽然故事令人焦虑，但它们或许与实际可以建造的有一定差距。我们的目的在于阐述清楚，人类如今可以制造出的机器人远非戏剧中所描述的那样。许多机器人的故事出现在影视剧中，大部分人并没有机会接触真实的机器人，因此他们对于机器人的印象首先来自影视剧。迄今为止，还从未有机器人成为影视演员的先例。个中原因很多，例如他们能力不足，缺乏灵活度，片场需要配备对技术有深度理解的人员对机器人进行重新编程等。

影视剧中，让“机器人”完成正确动作的最好方式还是让真人饰演机器人。这一思路可以追溯到自动机的时代以及 18 世纪。1770 年，有人展示了一台名叫“特克”（Turk）的奇妙新型自动机，它有时也被称为“自动棋手”。特克令人惊叹的棋术，不仅足以媲美许多人类棋手，还能让他进行“骑士之旅”，让象棋骑士在棋盘上移动，可访问每个方格一次。特克环游欧洲，同本杰明·富兰克林和拿破仑比拼棋艺，但也有人怀疑特克是一个骗局。直到 19 世纪 50 年代，特克的秘密才被揭晓，那时它已经被废弃了。特克是被藏在其中的人类操纵的。当门被打开，这个装置的内部设计暴露出来，原来是利用魔术师柜子藏人的技巧将操控者藏入其中的。

早期电影正是用相同的思路解决问题的，即将真人藏在机器人外壳中。有时这一技巧很容易被识别，就像《绿野仙踪》（*The Wizard of Oz*）中的铁皮人或《星球大战》（*Star Wars*）中的 C-3PO。有时也真假难辨。《星球大战》中另一个著名机器人R2-D2就是如此，因为它的形状需要适配一个非常小的演员。饰演这一角色的肯尼·贝克身高只有112厘米。经典电影《禁忌星球》(*Forbidden Planet*)(1956)中的机器人罗比，也是一位穿着机器人服装的演员。

动作捕捉技术的出现使得人类演员不必继续藏在机器人外壳中，也让设计有趣的机器人越发简单。电影《短路》(*Short Circuit*)(1986)就是这一时期的典型作品。电影中的机器人约翰尼5号就是由一名穿着遥测服的演员远程操作控制的。这套遥测服可以捕捉演员的每个动作，机器人接收到信号后会对动作进行模仿。特写镜头中，机器人又成了木偶，工作人员将金属棒连接在机器人的各个部位，由木偶师操纵。

影视数字化后，优化的特效技术使事情变得更加简单。现在，扮演机器人的人类演员通常会穿戴一套动作捕捉套装，演员的动作被映射到图形生成的机器人模型上，在数字场景中，演员被生成的机器人取代。机器人不再需要实体，也可以执行真实世界中不可能完成的动作。最重要的是，即便影视剧影响了多数人如何看待机器人能做什么，人们在影视剧中的所见与真实世界几乎没有任何联系。可是，只要影视剧能够满足人们的预先期待，这种极具魅惑的自然主义就会取得人们的信任，让他们自以为所见即真实世界。

那么，是不是研究人员和机器人公司用来展示自创机器人的视频就可以信赖呢？互联网上，这类视频越发流行。视频中，人们可以看到真实的实体机器人正在完成真实世界的动作。但观看这类视频也需要人们保持警醒。首先，通过视频可以看到的只是机器人行为的某个案例；无法看到机器人到底通过多少次尝试才完成这一行为。机器人公司显然不会展示剪掉的画面，告诉人们哪里出现了问题。大多数研究人员同样也不会这么做，即便网上流传着 2015 年美国 DARPA 机器人挑战赛总决赛中有腿的机器人摔倒的视频片段。[20]

其次，经过巧妙剪辑，这些视频总能向观众展示出机器人在现实里不具备的灵活性。机器人从一个动作转换到另一个动作，中间需要完成的工作量是不会体现在视频中的。

最后，视频极少展示机器人是不是自主完成动作的。通常情况是，人类操作员在镜头外对机器人进行远程操控。人—机器人交互领域的研究人员甚至形成了一个标准模式，被称为“奥兹的巫师”[21]。

这是因为，在《绿野仙踪》中，多萝西和她的同伴们来到翡翠城的巫师面前时，并未见到巫师其人，只听到一个高亢可怕的声音。随后多萝西的狗托托冲进房间角落，那里挂着窗帘。托托将窗帘拉到一边后，原来是一个不起眼的中年男人正在拉杠杆，制造巫师的效果。

机器人性能的打造困难重重且需要旷日持久的努力。“奥兹的巫师”可以让研究人员在开始研发某种机器人自主行为前，通过远程操作器理解机器人将如何与人交互，避免设计错误。由于受试者会基于自身对机器人是否有自主行为的认知而产生不同反应，试验通常会将远程操作部分隐藏起来。研究伦理要求研究人员在试验结束后告知受试者试验所使用的机器人并非自主工作，但这些通常不会在视频中有所体现。

另一些视频展示机器人被指定或重新创建一个任务，但机器人在此前已经得到完成该任务的紧密训练。例如，研究人员带机器人绕某建筑物一周，让机器人绘制地图。后续只要路线不变，环境保持相对稳定，机器人便可独立重复刚刚的路线。[22]但这与能够自主导航完全是两回事。看过影视剧以及这些视频后，人们会在多大程度上相信自己看到的机器人性能才是需要思考的重点。影视剧可能不会过多展示真实的机器人，但会讲述人类自身的焦虑。

机器人电影通常会表达这样的观点：人类创造的技术将反抗人类。这就是“弗兰肯斯坦情结”（the Frankenstein complex）。

这一表述来自玛丽·雪莱小说中弗兰肯斯坦博士创造的怪物。与皮格马利翁的塑像一样，这个怪物由人类创造后具有了生命，但不同的是，这个怪物的创造者不是雕塑家而是科学家。皮格马利翁的塑像是一位美丽的女性，后来也成为他的妻子；弗兰肯斯坦的怪物则是一位丑陋的男性，他没有伴侣，还将自己的怒火转嫁给人类。这个怪物也具有一些超越人类的力量，即便不是机器人也是人形机器人。他横冲直撞的杀戮和对创造者的敌意已经被许多机器人故事所采用。弗兰肯斯坦情结也为其他不涉及机器人的故事提供了灵感，例如2001年的计算机 HAL：《太空漫游》（*A Space Odyssey*）是众多具有类似行为的智能超级计算机之一。

这种观念在西方文化中根深蒂固，让人觉得无处不在。但日本文化却不认为科技或者机器人有成为弗兰肯斯坦怪物的可能。[23]这不禁让我们开始思考，是否只有西方文化才有这种观念？或者这是因为西方文化继承了“傲慢”（hubris）的概念，试图超越众神。随着众神的反击，傲慢不可避免地招致报应。《圣经》认为，旧约神善妒，却被视为所有生命的起源。也许西方人认为制造机器或机器人是篡夺了这种力量。当然，中世纪基督教世界中，探索科学的人被迫接受傲慢之罪的指责。文化倾向使得西方人在面对机器人科学时，将自身恐惧和焦虑当作最重要的议题进行思考。

退一步看，电影中的机器人和仿生人往往十分刻板。它们无法繁殖后代，却几乎无一例外都有性别，即便这种性别区分并无实际意义。

人们并未在这些电影中质疑这种比喻。“男性”机器人或仿生人通常会像塔罗斯一样具有神力；“女性”机器人具有性吸引力，可以利用男性角色，比如 2014 年出品的电影《机械姬》（*Ex Machina*）中的艾娃。“女性”机器人通常有夸张的第二性征——金属的胸围和收紧的腰身——就像流行科幻杂志的封面一样。

《终结者 3》（*Terminator 3*）中以女性形象出现的机器人 T-X（Terminatrix）的发音听起来十分像“女性施虐狂”（dominatrix）。但也有反例，“星球大战”系列电影《游侠索罗》（*Solo*）中的 L3-37 是对“女性”机器人的性别化描述，就令人耳目一新。L3-37 由女演员扮演，但她的机械外表没有一丝性别指向。动画《机器人总动员》（*WALL · E*）中的伊娃是一个会飞的蛋形白色机器人，但动画片仍然巧妙地让伊娃表现出女性气质，并讲述伊娃和瓦力之间的浪漫爱情故事。

虽然为机器人赋予性别没有受到指摘，但机器人或仿生人演员通常会展现出缺乏感情的特征。这成为机器人的显著特征，特别用于区分与人类演员一样具备人类外形的仿生人。《星际迷航》（*Star Trek*）系列中的角色 Data 就是一个很好的例子。早期《星际迷航》系列出现过一个没有情感的角色斯波克，但它实际上是以外星人的身份出现，并非机器人或仿生人。这一特征完全颠覆了笛卡尔的观点：使我们成为人类的不是推理思考，而是情感表达。但第十章将通过充足的理由来证明，在机器人的智能行为整体模型中，设置情感模型是十分必要的。

在更深层次上，我们对机器人和仿生人的定义可能会存在刻板印象。《罗素姆的万能机器人》表达了人造物种的概念，就像我们说的，在后达尔文时代，人造物种具备人的外表但本质上不是人。人们总在做这些区分。历史上，被区分出来的另一类人是外国入侵者，如果追溯得更久远，这类人就成了另一个部落，甚至是相邻村落的人。

就像民粹主义政客熟知的那样，人类行为中有一条长期存在的主要逻辑，那就是不把被区分的另一类人当作人类。动员民众反对移民是多么容易，人们本能地担心“他们”会拿走“我们”需要的东西。心理学家将这种心理描述为群体内思维和群体外思维，我们的一些故事将“他们”重新塑造为机器人或仿生人，唯一的区别是“我们”创造了“他们”。当人们把机器人称为“他们”时，通常是在谈论我们认为作为人类意味着什么，讨论的核心其实都是关于人类自身的。人类可以成为自己最可怕的噩梦。

第二章
外形：它们是否会与人类相像

机器人研究者眼中的机器人

1979 年 1 月，25 岁的福特工厂员工罗伯特·威廉姆斯在跟妻子和三个孩子告别后，出发去位于美国密歇根州的福特工厂上班。他本以为这只是一个普通的工作日。福特工厂通过一台五层楼高的巨型机器将沉重的模压汽车零件从架子上搬上搬下，每层楼配备一辆机械臂金属推车，可以抬起、储存或取回这些汽车零件。但这时问题出现了，机器显示架子上有的零件信息是错误的，威廉姆斯被指派爬上架子找出原因。正在他寻找原因时，其中一辆金属推车的机械臂来到了附近，击中了威廉姆斯的头部。头骨上的一击令威廉姆斯当场毙命。这场不幸的事故让罗伯特·威廉姆斯成为历史上有记录以来的第一个被机器人杀死的人。[1]

这场事故本质上是健康和安全事故，但许多在机器人领域工作的人认为这台机器并非机器人。如果向机器人研究者问询如何简明定义机器人，他们很可能会给出“物理实体行动主体”（physically embodied agent）这个描述。让我们深度理解一下这一定义。

“物理性”（physically）是指机器人与人类一样在相同的世界中占据实际空间，这就排除了计算机游戏中的角色。这也意味着机器人遵循现实世界的物理法则。机器人运动需要力的作用。机器人受惯性、动量、摩擦力和其他物理性质的影响。机器人专家会告诉人们，机器人也会受到物理衰变的影响：会生锈，会有凹痕和破损，内部的焊接触点会松动。专家们也会对此深感遗憾。

那“实体”（embodied）的含义又是什么呢？顾名思义，“实体”是指机器人拥有形体，并非互联网上可能同样被称为“机器人”（bots）的软件。形体具有物理范围，其边界决定了机器人如何与外界互动，例如移动等基本能力和面部表情等复杂的社交互动。

使用“形体”（bodies）一词是基于一个常常意识不到的假设，即生命体具有形体。现实世界中，冰箱、手机以及大多数机器客观实在，且在描述汽车这种乘用机器时，也会出现“车身”一词，但人们并不认为这些物体具有形体。

“行为主体”（agent）突出了运动的重要性。行为主体具有机能，可以独立自发完成某一动作。行为主体通常被认为能够从一揽子动作中，选择并完成符合当时特定情况的动作。完成这一点需要能够感知周围情况，知晓正确动作，并成功执行。看来，“物理”与“实体”是有和无的二元性质，“机能”则是程度问题。

根据室温来打开或关闭加热器的恒温器可以算作行为主体吗？说来可能令人难以置信，这个问题十分棘手，机器人学界对此莫衷一是。[2]因为恒温器毕竟是在实时评估环境，测算室温。恒温器也在选择是开始加热还是维持现状，且可以完成执行其中的一项行为。

许多人会认为决定是否打开开关称不上真正的机能，对温度数据做出反应也无需“智能”。但若这个恒温器十分成熟呢？一个可以利用季节知识，参考屋内人员数量、当前电费收支情况及个人对温度喜好决定是否开始加热的恒温器能否算作机器人呢？大多数人可能仍旧认为不算，因为人们会下意识对刚刚提到的定义进行补充，认为物理实体行动主体应该能够运动，即便不是所有部位都可以运动，至少也可以活动某些部位。运动确实是机器人学中的一个重要概念，下一章节将讨论这个概念。但首先，我们要思考物理形体的设计——未来机器人长相如何。

机器人设计的形式与功能需求

不论是建筑师还是水壶设计师，所有人工制品的设计都会区分形式与功能。优秀的设计二者兼具，但一般的设计要么重视形式，要么侧重功能，具体侧重哪一方面取决于这一人工制品适用的环境。

现实世界的机器人最初是工厂自动化的延伸。在工厂环境下，设计最重要的方面是提高某一功能的效率。工业机器人对物体进行精准地捡拾、操作、放置，循环往复。这些工业机器人通常被塑造成“手臂”的样子。

其设计反映出工作任务对机器人的功能需求。一些设计大体参照人类手臂结构，分别在机械臂的上端（肩膀）、中间（肘部）及末端（腕部）设置三个关节。腕部下方还配备了末端执行器。末端执行器可以是基于手指的抓手，但更常见的是专门工具（图 2.1）。也有一些机械臂的设计与人类手臂并没那么相像，虽然也有一些关节，但它们仅仅用于使机械臂成功操作。

图 2.1　两条机械臂可以互相配合的现代工业机器人。该机器人配备了传感器，可以避免触伤他人。

工业机器人操纵器是电机驱动的重型金属机械，需要足够坚固，防止机械臂运动时抖动或弯曲。人类不可近距离接触这类机器人。具有传感器且可以感知有人走动的工业机械臂出现时间很晚。机械臂作为重型运动物体，动量巨大，这是让罗伯特·威廉姆斯致死的原因。物理形体可以造成物理伤害。

正因如此，大多数自动化工厂是将机器人与人类员工分隔开的。在引进工业机器人实现自动化过程中，重新安排工序是工厂的一大重要成本，比机器人本身要昂贵。但这样也无法避免意外的出现，威廉姆斯并非最后一位死于机器人手中或因机器人而受伤的人，检测机械臂的维修工人风险最大。但机器人并非故意造成伤害，问题在于没有干预机制。不论周围是否有人类，机器人都是机械化运转的。就像在工厂中，人靠近其他任何机械都有可能受伤一样。工厂的工伤历史见证了重型机器人与柔软的人体触碰时会发生怎样可怕的事故。

许多机器人专家认为大多数工业机器人虽然可以运动，但只是无限地准确重复相同操作序列，并不满足“物理实体行为主体”这一定义，因此不能算作真正的机器人。行为都是预先设定好的，这些工业机器人并没有做出任何真正意义上的决定。其中许多机器人的主观能动性甚至不及恒温器。恒温器至少可以依据周围实时温度变化，进行简单决策。

这一观点同样适用于其他被称为机器人的系统。行星探测车得到一系列指令，一旦某个指令无法按照预设内容执行，就会进入备用状态，停止并等待新指令。拆弹机器人通常是远程操作的，而决定机器人应该执行何种行动的是后方操作员。这两个案例中的环境都十分恶劣，若出现问题将造成严重后果，因此设计者不愿引入自动化的决策机制，担心机器人如果不适应环境，其完成的自主决策很有可能出现错误。第一章中说到，即便是电影制片人都会担心这一问题，因此至今仍未让自动机器人扮演任何角色。

社交可供性

早在 1979 年，心理学家詹姆斯·吉布森探讨了一个重要的新设计考量，并将其命名为“可供性”（affordance）[3]，即物体通过设计表达自身功能的方式，换句话说就是一个物体如何让人一眼看出自己能做什么——提供什么功能。圆形门把手是用来转动的，杠杆式门把手是用来往下按的。可供性是指，当人类与物体互动时，物体的设计形式应该能够让人对设计功能有直观认识。通过设计，机械臂不仅具有提起物体的功能，其外形也让人一目了然，它的工作就是提起物体。

这一点同样适用于“社交机器人”。社交机器人并不在独立且量身定制的工业环境中运转。其设计初衷是能够在各类普通人类环境中工作，适应人类活动。

研究人员很早就发现，即使只是机器的一部分，大多数人也会将机器人视作有自我目的和意图的社交主体。[4]一项在美国进行的实验中，受试者被要求与一台机器人合作完成某项任务，其中一位受试者对机器人说道："你想让我把这个东西放进桶里吗？"机器人并未识别出这个问题，转头走开了，受试者觉得机器人是假装没有听到。[5]

人类天生是社会生物，因此会认为所有物体都有社交意图，哪怕是实际上根本不具有这种属性的物体。树木和河流曾经被赋予灵魂，特定的动物是氏族和部落的守护神，复印机上方也可能出现这样的告示："永远不要让这台机器知道你很着急。"

甚至画面也有社交意图。人们认为眼睛与被注视有强烈的关联，没有什么比静态的眼睛画面更能改变人类行为了。某大学研究人员曾做了一项研究，让员工在诚实盒中贡献咖啡，诚实盒上以周为单位轮换张贴花朵和眼睛的图片。他们发现，张贴眼睛的周次，咖啡贡献量显著高于张贴花朵的周次。另一个类似实验中，研究人员发现，眼睛的图片可增加人们带走自己垃圾的概率。[6]

即便不通过眼睛获取任何信息，机器人只要拥有一双眼睛，周围人就会把这双眼睛当作人类的眼睛看待。因此，设计者通常会为机器人的眼睛添加眨眼功能。机器人不需要像人类一样通过眨眼保持眼睛湿润，相反，眨眼功能需要马达，且磨损较大。但是不眨眼会让人感到不安，让机器人看起来好像在盯着人们看。在真实的人与人之间，这样做十分不礼貌，令人不适，甚至具有攻击性。

这就是为什么与人类一起工作的机器人不仅需要功能，让人一目了然，而且需要具有“社交可供性”。机器人的身体决定了人们对它的期待——人们认为它做得怎么样，是喜欢还是恐惧——这些态度是接受机器人和与其顺利互动的基础。

工厂是标准化的环境，但人们日常的社交环境要复杂得多。机器人身体在设计上的社交可供性取决于具体的工作环境。在医院里搬运设备的机器人与在家中搬运物品的机器人就需要不同的社交可供性。人类的期望与社会角色有关，而社会角色通常与特定的环境相关联。医院里，机器人是搬运工的角色。居家时，机器人可能更像是陪伴者或提供照料者。

需要执行的任务也会影响人们对机器人外表的期待。在日本进行的一项实验中，机器人被安置在老年人家中六周。实验发现，老年人喜欢毛茸茸的机器人来陪伴他们，喜欢外形有机械感的机器人来提醒他们吃药。[7]

人体无法重新配置，但我们可以在机器人身上实现。哪怕简单如机械手臂，其工作端也会有各式各样的工具：用来捡东西的钳子，用来组装的螺丝刀或某种焊接工具。我们可以想象一个模块化的机器人，可以根据目标任务增加或减少身体元素。例如，执行搬运任务时增加托盘，清洁时增加抛光装置，甚至为社交互动增加具有表现力的面部表情。

瑞典研究人员对这一思路的一个有趣变体进行了研究，他们为小型玩具恐龙机器人 Pleo 穿上了衣服。[8] 使用者可以通过增加或减少衣服对机器人进行个性化设置，不仅仅是外表（图 2.2）。想象一下，房子里有一个家用机器人，人们都有自己支持的足球队。戴上某一支球队的围巾可以让机器人获取球队的相关信息，成为球队的支持者，赞扬球队的表现，或者对输掉的比赛表示难过。

图 2.2 Pleo 是一种小型恐龙机器人，研究人员能够为其开发新的行为模式。

这种个性化设置在机器人进入日常环境时十分必要，因为人们的偏好差异太大了。英国研究人员想通过实验了解人们对机器人外表和高度的想法。[9]他们采用高矮两种机器人，每台机器人头部都有一张面部示意图或一个摄像头。研究人员发现，参与者要么更喜欢高个子的有脸机器人，要么更喜欢矮一点儿的无脸机器人。人们觉得高个儿机器人总体上比矮个儿机器人更像人类，更有责任感。

因此，机器人的大小对于和它们互动的人类来说十分重要。机器人操纵器体型通常大于成年人（当然也大过人类手臂），金属质地、庞大体型及机械外观等特点令人生畏。外观被设计成宠物或玩具的机器人比人类小得多，容易把玩。除去儿童玩具，小型机器人容易被绊倒，因此极少下地工作，而是通常被设计为在桌面上工作。如果机器人外表是人形，则象征着玩偶、婴儿或儿童，或者是人类喜欢与之互动的动物——无论是真实的还是幻想的。

另外，机器人真空吸尘器虽然也很小，但通常是圆形的，相对来说没有什么特点。设计它们的初衷是隐形于社交空间的，安静工作是一大重要的功能需求。逻辑在于，即便有人为这些机器人定制外表，比如 Pleo 的主人们，但人们仍然把这些机器人当作纯粹的机器或某种动物，因其自有目的而被人们忽视，例如蜜蜂或者蚂蚁。体型继续缩小就会出现“纳米机器人”（nanobots）——未来可能会在人体内工作的机器人——上述类比在纳米机器人这里会更加直观。美国研究人员最近用折纸机器人进行了一次试验。这些形状像小立方体的机器人，可以自己选择穿戴不同的外骨骼，例如船形外骨骼、微型腿外骨骼或者轮状外骨骼等，并借此实现诸多功能。

即便一些机器人的头部或脸部可活动，这个设计的初衷也并非在物理空间中活动。这就是桌面机器人，是 Siri、Alexa 和谷歌 home 等对话界面的具体化版本。在桌面机器人的外表上，设计者观点不一。

一些人受到动物启发，采用兔子、青蛙或者猫的外形。另一些设计则借鉴电影动画，让桌面机器人看起来像移动的台灯，在灯罩的位置设计头 / 脸（图 2.3）。虽然并非所有人都习惯和有头无身的类人物体互动，但确实也有一款桌面机器人将面部数字动画投射到一个类似人类头部的玻璃上。这些设计的社交可供性与以往完全不同，设计者正尝试引入没有任何先例的新型社交角色。

另一些机器人则需在室内空间活动，与成年人类互动，因此需要体型适宜，既可被当作人类的交互伙伴，又不会过于庞大令人生畏。经验告诉我们应该将其设计成和坐着的成年人一样高，在某种意义上相当于坐在轮椅上的人。但若需配置操纵器，这些机器人的肩膀就会比人类的大，给人带来一些威胁，就像有人在同巴克斯特机器人（Baxter Robot）（图 2.4）互动中体会到的那样。

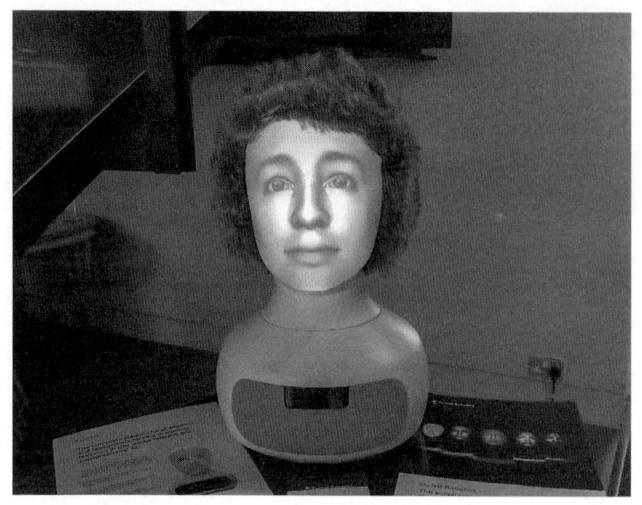

图 2.3 皮帽机器人是头部玻璃模型，其内部可投射出面部动画。图片中，它头戴假发。

图 2.4 巴克斯特机器人

这时就需要思考功能了。既能操纵家用物品，同时又具有更像人类手臂比例的机械手臂，这超出了目前的技术水平。因此，为有社交属性的机器人配置功能齐全的手臂会引发健康及安全问题。在同一个环境下，人类该如何才能不过于靠近机器人，避免受伤呢？工业机器人手臂的体积庞大是产生危险的原因之一。后面章节会讲述如何通过设计感应器，让机器人在碰到任何物体之前就能停下来，减少伤害。但这并不能解决外表给人类带来的恐惧感，人们不愿意同这样的设备共处一室。

形式与功能之间的互动影响着机器人是通过腿还是轮子移动。坐在轮椅上的人会有更清晰的体会，人类环境是为两条腿设计的，因此机器人也应该有腿，这道理似乎显而易见。但不幸的是，儿童学习走路之所以需要花费一些时间，是因为两条腿的运动模式从本质上来说并不稳定。我们将在下一章看到，走路就是控制跌倒。胸腔高耸的金属机器人重量很大，一旦跌倒压在人体上，就会产生巨大压力。四条腿的机器人稳定性更好，但水平的身体转向费劲，且其社交可供性更像是动物。轮子更加安全，但需要水平地面，上台阶困难。而且在人类眼里，它们就是像坦克一样的“机器”。

就像功能可供性向人们展示机器人的实际功能，社交可供性会提示我们如何与机器人互动。物理属性与社交属性都再一次参与进来了。没有面部的机器人无法展示表情，没有手臂的机器人不能打手势。在无脸机器人身上按下按钮和在有脸机器人身上按下按钮，感受截然不同。如果机器人具有人的外观，人类则更期待通过语言与之交流。

恐怖谷效应

许多机器人不被设计成人形，而是采用机械或者动物外形，就是要避免人类的过高期待。狗、鸟、蛇，形式各样。机器人看起来像动物时，嘟嘟声和唧唧声或许可以被接受，我们可能会关注它是如何扭动身体与人交流的；看起来像机器时，通过彩色灯光和屏幕文字来完成与人的交流也显得自然；如果机器人看起来像群居昆虫，人们可能根本不会期待与之交流，只会观察它的行为，弄清楚它在做什么。

正如第一章所言，人类对机器人的期望受科幻作品影响极大，尤其是电影中的机器人。毕竟大多数人没有在现实世界中遇到过机器人。如果让人们画出心中的机器人，他们通常会画得像《绿野仙踪》里的锡人，或者《星球大战》里的 C-3PO。人们也倾向于赋予机器人性别，且默认是男性。机器人一词出现之前，“锡人”是对机器人的常见描述。

那么，是否应该让机器人与人类尽可能相似，就像影视剧中的机器人一样呢？是否应该让机器人有性别，并为它们赋予人类“男性”或“女性”的视觉和行为特征呢？是否要让机器人面部看起来像一个典型的女性，甚至嘴唇颜色都像涂过口红？人们期望通过语言和人形机器人交流，机器人应该采用男性还是女性的声音？抑或采用更像机器的声音？

一些日本研究人员选择让机器人与人类尽可能相似。他们打造的机器人具有乳胶皮肤、玻璃眼睛、粉红色的嘴唇，还有人造头发。在大多数情况下，它们被设计成年轻女性的模样，虽然这让一些人感到担忧，但映射出女性角色在社会中的文化假设与皮格马利翁的雕像形成了奇妙的呼应。

事实证明，高仿真人形机器人存在一个严重的问题。具有讽刺意味的是，早在还不具备生产这种机器人能力的 1981 年，另一位日本研究人员森政弘就发现了该问题。森政弘认为，最开始人类会对外表、动作与人类相似的机器人产生正面情感，但在相似度达到特定点位时，他认为人类的好感度会急剧下降，产生极其负面反感的反应。

为什么会这样呢？森政弘的回答是，随着机器人外表同人类越发相似，人类会更加强烈地期待将机器人当作人类对待，直到某一节点上，人类感觉出这些机器人有些不对劲。这种不对劲让人类觉得机器人十分恐怖、离奇、怪异。在森政弘的曲线（图 2.5）上，好感度呈断崖式下跌，这部分就是研究人员所说的“恐怖谷效应”。也可以称其为“僵尸区”，因为僵尸也与人类相似，但方式错位。

一些日本人形机器人就会引发恐怖谷效应。当人类察觉到人形外表和机器人的移动方式不匹配时，这种感觉会越发明显。不幸的是，机器人由马达驱动，不可避免地会有些不稳定，而看到外表与人类相似的机器人走路不稳确实会让人感到不安。僵尸的行动方式也正是如此，这并非偶然（图 2.6）。

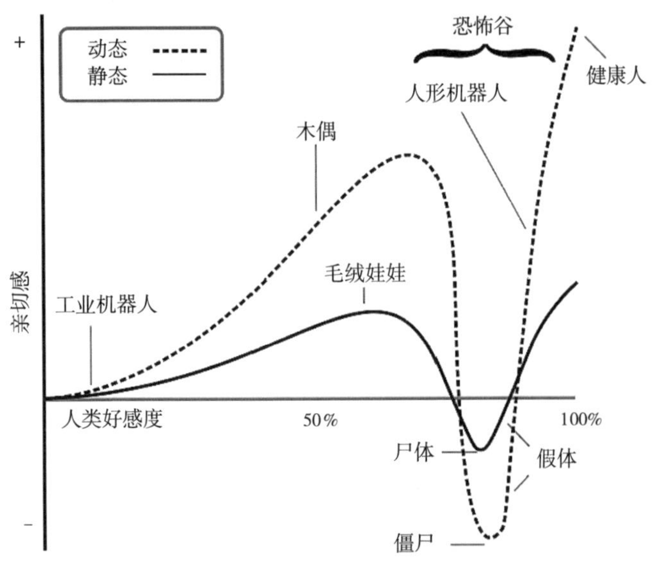

图 2.5　这张图展示了森政弘的假设，起初人类会对外表与人类相似的物体产生正面情感，但在相似度达到特定程度时则会突然产生极其负面的反应。森政弘认为，相比于外表，这套理论更适用于行动。摘自维基共享资源，访问于 2020 年 12 月 3 日，*https://commons.wikimedia.org/wiki/File:Mori_Uncanny_Valley.svg.CC BY-SA 3.0*。

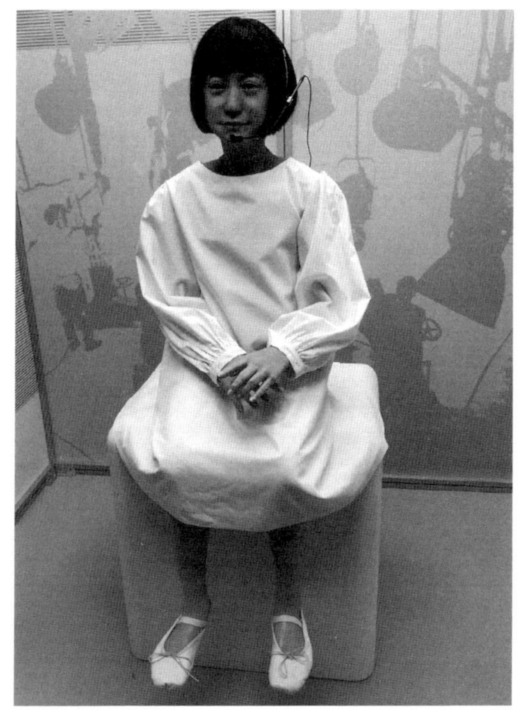

图 2.6　这台机器人由日本研究员石黑浩制作，他擅长设计外表与人类相似的机器人。它们主要是年轻女性，还有一个是以他自己为原型设计的。许多人觉得这会引发恐怖谷效应。

此外，人们同与人类外表相似的机器人互动时，就像与人类同伴互动一样，不可避免地会关注机器人的脸。但人类面部由 40 多组肌肉群控制，十分复杂。让人形机器人的脸在说话或表达情感时以正确的方式自主移动，远远超出了目前的技术水平。然而，人类与这种机器人互动时，会强烈地认为它们应当可以正确地完成自主运动，如果不是的话，就会产生强烈的负面反应。

口型同步就是一个很好的例子，即口型与其在讲话中发出的声音同步。只要看过电视广播，就会理解在节目中记者的声音哪怕只是略微滞后于口型，人们都可以立刻感知，这足以说明人类对此十分敏感。类似的，电影配音与演员实际说的话关联不强，也会带来不舒服的感觉。人类在同高仿真人形机器人互动时会发现其面部运动错误显而易见，因此这种机器人通常是远程操作，通过实时动作捕捉与人类互动。传感器捕捉到人类操作员脸上的变化，并传导至机器人的脸上。

但人类并不期待低仿真度的卡通人物能实现准确的口型同步。这一点在唐老鸭身上体现得较为明显——唐老鸭只有喙，没有嘴——对于低仿真度的人形卡通人物来说也是如此，它们在动画中通常只有三四种不同的嘴型。

但与机器人互动时，人类的期待程度极高，一些研究人员甚至专门为降低这些期望值进行了设计。麻省理工学院开发的实验性机器人 Kismet 就是这样设计的。Kismet 的外表和行为被设计成一个年轻的机械生物，具有大眼睛、橡胶红嘴和粉红色大耳朵。

如果让机器人与人类尽可能相似并非良策，那又该如何设计机器人的外形呢？本章前面的讨论已经给出了答案。机器人应具备所需的功能和社交可供性，帮助它们在工作环境中执行任务的同时，按照我们期待的方式与其周围的人类进行互动。这个回答比较模糊，似乎令人失望，但它将“视情况而定”具体化了。

与其冒着恐怖谷效应的风险追求电影中的自然主义机器人，不如追求研究人员和动画师所说的可信度（图 2.7）。想想一些经典动画形象：米老鼠、丑小鸭、汤姆和杰瑞，这些角色的设计都是超自然的——如果厨房出现一只长得像米奇的老鼠，你一定会大吃一惊，但人们会认为这些角色十分可信，即便知道它们只是屏幕上一些像素点的组合。当丑小鸭被训斥“不配当鸭子”时，动画师通过肢体语言引发共鸣，让人们很难不感到深深的悲伤。换句话说，人类的反应就如同这些有与人类同等内在状态的动画角色一样，人们可以设身处地体会它们的感受。

图 2.7 这个名为 Alyx 的 Flash 机器人，其人形设计更倾向于卡通，而不是自然主义。

一些社交机器人的设计者把这一点牢记在心，他们更多地受到卡通形象而不是自然主义的启发。于他们而言，机器人瓦力是比日本人形机器人或终结者更好的模板。

第三章
运动：它们是否会与我们共同生活

人形机器人

1507 年，苏格兰国王詹姆斯四世和他的宫廷目睹了意大利炼金术士约翰·达米安从斯特灵城堡（Stirling Castle）顶上一跃而下。他身上戴着的翅膀是根据达·芬奇思想自行设计的。不出所料，他跌落地面，但所幸只是摔断了大腿。有趣的是，约翰·达米安将此次失败归结为翅膀用错了羽毛。众所周知，鸡是不会飞的，因此用鸡毛做翅膀显然不如用老鹰的羽毛做翅膀明智。

后来国王劝阻了约翰·达米安，让他不要再验证这一假设。约翰·达米安的解释或许可笑，但却凸显出莱特兄弟为飞行做出的大量科学分析和工程技术，才使得他们在将近四百年后，在没有任何羽毛的情况下，驾驶一架不拍打翅膀的机器成功升空。

但这与机器人运动有何关系呢？答案是，假设机器人可以通过拥有与人类一样的能力来完成工作是不对的。工程解决方案可能会与生物解决方案有所偏差。确实，让人形机器人依靠双腿移动看起来十分可取。既可满足人们的期望，也可适应为双腿移动而设计的人类环境。但进一步分析后，我们会发现人类的步行能力是很难在机器人身上复制的。

首先，人类骨架十分复杂。工程师采用“自由度”（degrees of freedom）概念来制作控制结构的软件。这是指一个结构可以完成的独立运动数量。举个例子，在三维空间飞行的无人机，其自由度有 6 个。其中 3 个自由度可以让无人机完成上下、前后、左右的直线移动，另外 3 个自由度使无人机可绕每个轴旋转。这就意味着，该架无人机的操控系统在为每个动作定位到某个任意点时，需要 6 个自由度。

我们简单看下人类的腿，会发现腿也具有 6 个自由度；3 个来自髋部的球窝关节；一个在膝盖上，类似铰链；脚踝两个，可以使其相对于膝盖上下移动或左右移动。

事实上，人类的关节具有的部件远不止这些，尤其是脚踝和脚，单这两个部位就有超过 26 块骨头和 33 个关节。膝盖也不是一个简单的铰链，因为当它弯曲时，膝盖可以自动轻微旋转。细说下来，其实每条腿都不止 6 个自由度。因为每个自由度都需要控制，所以精准模型在每个动作下需要完成的计算远超 6 个自由度。

问题还不止如此。三维空间中，具有 6 个自由度的结构只需一组数字即可完成两点之间的运动。哪怕是增加一个自由度，都会成为工程师所说的“冗余”。这就意味着，现在想要完成预期动作，需要不止一组数字。每增加一个自由度，就会增加更多冗余，控制系统就必须在各种选项之间做出选择，同时生成更大的一组数字。在某些方面，这是有益的，因为计划运动的方式可以不止一种。但是，增加许多额外的自由度对计算要求过高，因此工程师们使用的两足动物模型，自由度比人类小很多。

接下来的问题是传感器在控制人体运动中的作用。在被问及人类有多少感官时，人们通常的答复是 5 个：视觉、听觉、触觉、嗅觉和味觉。在人类与外界的交互中，这五大感官的重要性不言而喻。但其实，人类还具有许多内在感觉，其中两项对行走至关重要：本体感觉和平衡感觉。

人体内的本体感受器，尤其在关节部位，会告诉我们肢体运动的速度和方向，是否承受着负荷，以及何时停止既定方向上的移动。本体感觉是一种动觉感觉，让我们闭上眼睛，也可以触摸到鼻子，以及在漆黑房间里，也可以判断自己是正立还是倒立。大脑利用来自这些传感器网络的信息可以测绘身体在空间中的位置和正在完成的动作。正是这个系统让人类可以执行某个动作，并知晓肢体的完成情况。虽然关于大脑是如何完成这一工作的尚未可知，但我们可以通过观察婴儿在生命之初是如何学会控制运动的，来了解大脑参与其中的功能分区。

行走时，人类可以感受到腿向前走，以及脚接触地面时的力量，这使得人类在大多数情况下，走路时不用低头看脚。人类行走就好比是双摆运动。单条腿以胯为圆心，像钟摆一样向前运动。随后脚跟着地，脚向前挪动，带动身体来到腿的上方，就像倒立摆一样。这个运动有很多不平衡和下降的空间。这就是为何平衡感如此重要的原因。

平衡感来自前庭系统，该系统位于人耳鼓膜之后。运动包括平移——位置的改变——和旋转。前庭系统中，平移和旋转都有对应的部件。平移是由一种叫作耳石的器官来处理的，它可以检测水平和垂直方向的线性加速度。三维世界中的旋转需要三个结构，每一种类型的旋转都需要一个结构：点头、转动头部和向肩膀倾斜。两侧耳朵都有三个半规管，其中含有彼此成直角的液体。液体的运动会像水平仪一样，告知人类是否处于平衡之中。这些半规管成对工作，因此人类可以区分旋转是从左至右还是从右至左。

虽然有例外，但绝大多数情况下，前庭系统不仅能保证人们走路不摔倒，还能在人移动时稳定视觉系统。否则，人体自身运动就会使我们感觉天旋地转了。在运动状态下，机器人看到的视图可谓七上八下，但凡看过的人都会明白前庭系统是多么有用。

本体感觉系统和前庭系统协同工作，整合位置和加速度的信息，而我们目前还无法详细解释这一过程的机制。与人类的许多其他能力一样，在工程学领域，要复制人类的本体感觉系统和前庭系统及其在机器人中的相互作用，我们面临着身体和大脑功能方面太多的不确定性。

而人与机器人运动之间的差别远不止内部感知器的参与度。大多数机器人是由马达驱动的刚性金属结构，与由肌肉驱动的活体差异极大。其中主要不同点是顺应度。顺应的反面是僵硬：人类的脚在接触到地面时会弯曲，肌肉工作时会被挤压并产生形变。顺应性在非常规环境中至关重要，正被逐渐纳入机器人系统，但在机器人系统中设计顺应性极其复杂。

因为这些差异的存在，按照电影及电脑游戏的做法，在机器人身上复制人类的行走模式完全不现实。影视剧和游戏采用动作捕捉技术为角色绘制动画效果。人类演员穿戴动作捕捉套装，每个关节都有标记。随后摄像机捕捉演员动作，并映射到棍状骨骼图形模型上。骨骼“穿上”图形化的“身体”后成为虚拟演员，自然地表演人类演员的动作。

将人类行走映射到物理机器人上并非易事。图形角色无需应对真实世界的物理情况。人体与机器人身体的差异意味着需要在映射过程中采用“传递函数”调整人类行走模式。理解这个工作原理令人头疼。此外，机器人还须实时回应周遭世界，这与动作捕捉工作室的环境大不相同。即使在室内平坦的地面上，机器人也必须避开静态障碍物，比如家具及周围活动的人等动态障碍物。将不同的动作捕捉实时拼接起来，任何错误都有可能让机器人摔倒。

最简单的行走动作就是计算机器人的脚下一步该迈到哪里。为了便于理解，我们假设机器人以恒定的步长在平坦的地板上行走，这种情况很容易计算机器人的脚下一步迈到哪里。处理位置的力学分支是运动学，它可以告诉我们机器人腿上、臀部、膝盖或者脚踝关节的给定角度，从而确定脚的最终位置。当然这不是此处要解决的核心问题，因为机器人的脚应该迈到哪里是已知的，需要根据这一步推算关节角度。这是一种反向计算，因此也被称作“逆向运动学”（inverse kinematics）。

在数学上，逆向运动学比正向运动学更难，因为逆向涉及反向推导一个数字矩阵。逆向作为一种数学运算，有点像从整数中推导分数，但又复杂得多，因为逆向涉及整个数字矩阵。并非所有矩阵都能进行逆向计算。有时，逆向反推会使用一个除以零的操作，因为任何除以零的结果都是无限的，所以控制关节的电机输出变得不确定，这不是我们想要的重金属结构。好在这种情况可以通过诸多技术避免，因此可以假设我们已经成功计算出某个关节所需的角度并投入使用。

下一步是计算使机器人的关节达到既定角度需要的力。这个力学分支叫作“动力学”。在获得肢体质量及其运动时的整体速度后，可以计算出加速度曲线。肢体既需要力产生加速，也需要力进行减速，否则过度的动能会让动作做过头，也可能使机器人的脚重重地踩在地上。工程师也需确定是一次移动一个关节，还是同时移动多个关节，抑或介于二者之间。

确定机器人重心也很重要，如果重心超出双腿能够支持的范围，机器人可能会摔倒。摔倒其实注定无法避免，一条腿离地时只有另一条腿支撑人体，这就是为什么某种程度上走路就是控制摔倒。在一条腿运动时，可以使机器人的身体前倾，计算准确的话，运动动力会使机器人保持直立。

这就是“开环控制”（open-loop control）的一个简单案例。其工作原理是计算所需的电机动作，发送控制信号，然后继续进行下一个电机动作。听起来容易出错，那是因为这种工作机制确实如此。人体系统就好比是开环控制系统。针对正在发生的情况，人体内部传感器可以反馈信息，让整个系统调整行为。

添加加速度计可以测量腿部运动时的加速度。如果加速度与预期不符，可以采取一些补救动作。知道采取什么行动取决于清楚到底是哪里出了问题——这就是为什么处理错误十分棘手。还可以添加倾斜传感器模拟人体平衡系统。同样，如果传感器反馈出现异常值，特别是当异常值显示机器人开始失去平衡时，工程师必须决定到底该怎么做。闭环控制本质上比开环控制更为复杂，因为控制系统每采取一步行动，都需要额外信息。

仿生机器人

早期机器人行走就采用了上述的简单方式，但都不是很成功。能源利用效率极低，这一点稍后会讲到。能源成本是移动机器人的一大问题，它使得机器人在行走领域的发展十分缓慢。平衡问题也愈加严重，机器人重心回到迈出脚上所需的时间越长，失去平衡的时间就越长。慢慢走带来的后果就是不稳定。这些问题促使研究人员重新思考整体方式，发现了两种完全不同的灵感来源——摇摆机器人和蟑螂。

蟑螂是人类所知行动速度最快的六腿生物。让工程师们兴趣大增的是，人类对蟑螂相当简单的大脑有着深入了解。有一点十分清晰，蟑螂移动腿的速度远超大脑进行必要计算的速度。这表明，蟑螂腿是局部控制的，并非受大脑指挥。[1] 有个实验令人极其反感，实验中，科学家切除了一只猫的大脑皮层，把它放在跑步机上。猫不仅仍然可以走路，还能根据跑步机速度的快慢进行调整。

生物学家总结认为，大多数动物的腿是由它们所谓的中枢模式发生器（CPG）控制的，这是一个靠近腿的神经元网络，通常位于哺乳动物脊髓的底部，产生有节奏的输出。这解释了人类如何“适应节奏”，因为中枢循环规范着行走。一组中枢模式发生器还带来另一个有趣特征。物理学家早已发现，如果将两个摆锤以不同的摆动方式放在壁炉架上，它们会逐渐汇聚并一起摆动，这一过程被称为夹带（entrainment）。这意味着即便每只腿都有单独的模式控制器，蟑螂还一样可以使其中三条腿按照同样的节奏移动。

一个中枢模式控制器的工作无须传感信息，但传感器可使其进入另一节奏，帮助动物调整步态来适应不同地形。控制器同样可以接收大脑信号，让动物调整节奏，由走转向跑。由于夹带效应的存在，一条腿运动模式的改变会影响其他所有腿，因此，步态变化无须直接编码即可实现。

迅速有效控制多条腿的运动，让机器人的未来充满潜力。当六足机器人有三条腿同时站在地面呈三角形时，机器人就永远不会失去平衡。即便是四足机器人也比两足机器人要稳定，特别是在不平整的地面上。对许多应用机器人来说，多足似乎是尚佳的解决方案，例如在粗糙地面上行驶的驴形载重车。[2] 灾难搜救似乎是多足机器人可以选择的又一领域。

某科研团队将来自蟑螂的灵感进一步深挖，从海豚在海底追踪时所使用的安全带得到启发，为真实的蟑螂配备了一个小背包和摄像头，[3]增加它们的控制机制，希望通过电脉冲引导蟑螂，并利用其作为昆虫拥有的绝佳流动性来探索狭小空间。

但是，多足并不能解决所有应用机器人的问题。这既涉及后面会谈及的高能耗问题，也因为多足的社交可供性与人不同。并不是所有人都能与蟑螂状甚至蜘蛛状的机器人和平共处，哪怕是犬型机器人带来的人类互动行为都与人形机器人不同。所以，多足机器人的成功并不能阻止人们对双足的研究。

你可能会问“那么摇摆机器人又是干什么的呢？”摇摆机器人是可以放在斜坡上的塑料小人，其自身重力可替代电池、发动机或者中枢模式发生器，从斜坡下滑。一旦开始下滑，动势就会令其保持前行。这就是“被动行走”的概念。省去了在哪里落脚的复杂计算，摇摆机器人通过动力学原理，借用自身的力实现行走。

虽然机器人不能一直走下坡路，但被动行走带来的关键启发是上一步的能量可以用于驱动下一步动作。回到蟑螂身上，生物学家发现蟑螂每走一步都会轻微反弹一下，积蓄的力量可以帮助腿部继续前行。这在某种程度上解释了人类足部和脚踝的复杂性，揭示出足和脚踝的顺应是正常行走的关键。

美国某科研团队已经制造出了一种弹跳机器人。这款机器人其实并非有趣的新奇事物，只是对双足行走方式进行了更好的示范。[4]如果机器人的腿柔韧有弹性，那么其自身重力就会带动机器人以某种自然频率产生弹跳。新一代双足机器人行走速度更快，且相较于以往在每一循环中准确计算落脚点的方式，此种机器人的稳定性更强。

弹跳的方式也激发出科研人员对将水动力应用于机器人的兴趣。与电机和电力相比，使用流体更容易产生顺应性，但液压系统需要泵，缺点在于机器人摔倒有可能泄漏类似绿色“血液”的液压油。[5]

一些视频十分生动地展示了当前双足机器人的行走能力。[6]但请记住，视频展示的是最佳效果，并没有展示太多关于可靠性或故障的信息。同时，在绝大部分情况下，视频展示的机器人都是由远程操控的，而非自主行动。在美国，国防高级研究计划局（DARPA）会定期举办挑战赛，重点关注搜索和救援行动所需的能力。这是用来测试双足机器人当前发展状态的更好方式。

一些参赛队的赛后表现评估会剔除意想不到的因素。[7]一些机器人表现不佳，因为比赛环境与其接受测试的环境略有不同。例如，机器人使用的电动工具，其钻头稍长，或者行走时遇到的表面摩擦力与自家实验室不同。机器人发动机过热，出现异常工作。

比赛设定的任务需在一小时内完成，这给人类操作员带来许多时间压力。操作员犯错是机器人摔倒的一个主要原因。不论是操作员错误、机器人自身错误还是由于硬件失灵造成机器人摔倒或卡住，都需要人类团队成员进行援助。看来，机器人科学家在研究如何双足行走上所花费的心血远远超过让摔倒机器人站起来。总结下，机器人研究已经取得了重大进展，但双足机器人仍无法应对真实世界，特别是一些棘手任务。

这就是为什么室内机器人通常都有轮子，室外机器人像小坦克一样带轨道，或者有很多条腿。即便限制了空间，轮子也在最大限度上简化了机器人的行动任务。轮式机器人只有两个自由度：朝前后方向移动（平移），或朝不同方向旋转。圆柱形底座可以帮助机器人更加灵活地转动，其中一个轮子用于驱动，另外两个轮子用于转向。这样可以直接控制两个自由度，使机器人成为完整系统。但这并不适用于汽车，因为汽车方向盘转动幅度有限，所以无法实现原地右转。

在平地上，轮子利用能量的效率比腿更高。对比骑自行车和走路的速度就可得出这一结论。能源效率是基本问题，因为它限制了机器人能走多远，能工作多久。不论采用何种运动方式，机器人都需要动力源。但令人奇怪的是，对机器人及其能力的讨论极少谈及这一点，电池技术是机器人功能的最大限制。

移动机器人依靠电源运行时，需要在后面拖一根绳子——一根电缆，并且不能被缠住。在一些场景中，绳子是有用的。

机器人冒险进入对人类来说十分恶劣的环境后，如果被困在那里，人们就可以用绳子把它拉出来。但总体而言，更实用的方式是机器人自带电源，实现行为自主。

生命体依赖化学动力源。从食物中摄取的化学物质可以驱动人类肌肉。某些化学物质少量存在于肌肉中，可以在不使用氧气的情况下立即转化。长远来看，氧气用于将葡萄糖分解成肌肉所需的化学物质。这使得人类可以以脂肪的形式储存燃料，而机器人几乎都是由电池发电驱动的。

电池可以迅速有效地提供电力，但化学燃料的能量密度更大。在同质量同体积的情况下，化学燃料提供的能量比电池会多出许多。汽车使用的石油，其能量密度大约是铅酸汽车电池的 500 倍，而葡萄糖的能量密度至少是锂离子电池的 10 倍，这个数字取决于充电状态。[8] 因此，考虑重量，机器人电池比人体脂肪带来的能量要少许多。

有足机器人的能量使用效率远低于人类。20 世纪 50 年代，科学家制定了名叫电阻系数（specific resistance，SR）的测量方法，用以比较船只、陆地交通工具、飞机和动物不同速度运动的成本。[9] 电阻系数是力与重量和速度的比值。后续研究表明，马小跑时的电阻系数是 0.2，人走路时的电阻系数也是 0.2，但性能最好的双足机器人，使用有效的被动行走方法，仍然只能达到 0.7 左右，是前者的 3 倍多。[10]

此外，驱动机器人运动的发动机并非唯一使用能量的部件。传感器、控制器、交流设备以及计算器都需大量使用电力。据估测，移动机器人使用的一半以上电力都用在了这些部件上。结果就是机器人耗电快，必须经常充电。

日本本田公司（Honda）在20世纪90年代中期生产的开创性双足机器人，虽然外观极其精美，但每次充电只能运行20分钟。自那时起，受电动汽车和移动电话的工业生产影响，电池技术有了极大进步。然而，对于大多数机器人来说，两次充电之间的工作时间仍然是以小时来衡量的，从1.5个小时到4个小时不等，即使是比腿式机器人耗费能量更小的轮式机器人也是如此。即便充电次数减少，机器人的工作时间也只有几个小时，且充电时无法移动。如果这些不足更多出现在对机器人的公开讨论中，那么“机器人可能很快会统治世界”的想法似乎就不那么可信了。

目前针对机器人如何节能有大量研究。研究人员也正在尝试开发能量密度更高的新能源。以糖在细胞中释放能量的方式为理论基础的糖电池就是一个例子。[11] 这项技术正在解决的一个问题是，生物体将糖转化为能量的过程极其复杂。这个过程使用一系列被称为酶的调节化学物质。重复使用糖电池，添加更多糖时，必须保证酶留在电池中。糖电池还需要空气，由于生成能量的过程需要氧气，因此这种电池不能像锂离子电池那样密封。

能量密度高并不是糖电池的唯一优势。糖比锂更易获取，毒性也小得多。糖也不存在回收问题。糖电池的输出功率十分稳定，而锂离子电池在放电时会降低电压，机器人使用时可能会产生异常行为。糖电池会生成水和电。一旦实现商业化，这种电源可以为现实世界中应用机器人的不稳定带来极大改变。

有足机器人的设计灵感来自生物行走，只是设计出来的机器人与真实的动物并不一致。生物学在工程中的应用被称作“仿生学”（biomimetics）；从生物得来的灵感被复制采纳成为基本原则。两种方式均已应用于飞翔、游泳、跳跃、攀爬和匍匐等其他形式的机器人运动。这些机器人不会同人类生活在一起，也不会与人类共享社交空间。这些机器人以其他动物为灵感来源，尝试具有鸟、鱼、蜥蜴、蛇或昆虫等动物的能力。

除生物学外，受航空航天工程启发研制的电传模式客机和巡航导弹也可以被认为是飞行机器人。但是让飞行机器人广受欢迎的是廉价的四轴飞行器，4 个螺旋桨分别与马达直接连接。四轴飞行器拥有许多爱好者，正常是通过远程操作器实现飞行的。

自主飞行机器人需要在电池、摄像机和交流硬件的基础上实现机载处理。更大的有效载荷需要更好的发动机，功率也会更大。正因如此，四轴飞行器的飞行时间是按分钟而不是按小时计算的，当前技术可实现6~30分钟的飞行。装载更大的电池会增加飞行器重量，因此更加耗电。小型内燃机效率更高，但价格更贵且其飞行器机型更大。一旦旋翼停止转动，四轴飞行器就会和直升机一样从空中跌落，因此飞行器停留在空中本身就是耗能的。

固定翼飞行器更划算，可通过滑翔节能，但其升力与机翼面积（以平方米为单位）以及由自身速度产生的压力差有关。这意味着，升力指数随机翼面积的减小而下降：这就是起飞时大型喷气式飞机比小型飞机要花费更多时间，以及滑翔机设计有更长的机翼的原因。体型是本章开头那个人带羽毛飞翔失败的原因之一：按照自身重量计算，人类起飞需要的翅膀面积比想象的要大得多，且人体大小的肩膀根本无法带动这么大的翅膀。虽然模型大小的固定翼飞行器体积小、质量小，但仍需相对较快飞行以保持必要的升力。业余爱好者们偏爱四轴飞行器，因为这种飞行器可以悬停并拍摄有趣的地面照片，而固定翼飞行器在这方面都是一闪而过的。

然而，鸟类、蝙蝠和飞虫等能量消耗较低，灵活性较高，这些动物也可以适应将小型飞行机器人吹得左右摇摆的大风条件。科研人员对这些例子进行了细致探索，为制造出性能更好的飞行机器人打下基础。[12] 2011年，一个德国科研团队以鲱鱼鸥为模型制造了一种自主鸟类机器人。许多团队正以蜂鸟为基础研发机器人，因为蜂鸟在飞行时极其敏捷。

同人类骨骼一样，飞行动物的生物结构十分复杂，远非如今工程师可以复制的。真实蝙蝠的翅膀有 40 个关节，因此蝙蝠可以控制翅膀的角度和翼膜硬度。设计的两难之处在于在多大程度上模仿真实动物：以具备同样能力为限进行模仿，过度则可能导致结构无法控制。蝙蝠机器人就是一种软体机器人，其翅膀由可变形的布类材料制成，因此在人类环境中，比起四轴飞行器的金属翅膀和螺旋桨，蝙蝠机器人要安全许多。

我们已经了解到，让双足机器人在不远的将来实现自由行走的想法是不成熟的。同样，一群蜜蜂式或者其他飞虫式的机器人也只能在故事和电视节目中看到。形成有效机制，控制并驱动这些机器人，同时满足小型化需求，桩桩件件都是当前工程师正面临的挑战。科学家和工程师们正在积极研究类似鸟类和蝙蝠的机器人；一些人正在设立创业公司，即使产品仍然是原型机。

如同鸟类和蝙蝠为飞行机器人带来灵感，鱼类也为游泳机器人提供了一连串的启发。和鸟儿一样，鱼类极其灵敏，比传统的水下装备要灵活许多。大多数鱼类可以迅速转向，捕食者可以从静止状态立刻加速。鱼儿效率极高，与螺旋桨驱动的装备相比，其通过水中阻力损失的能量更少。研究表明，当鱼的尾巴在水中向某个方向摆动而产生涡流时，它可以利用这一涡流的能量向另一个方向摆动。但鱼类也同鸟类一样向工程学提出了巨大挑战。鱼类的运动通过摆动完成，这需要机器人十分灵活，在使用诸多零件的同时保证防水。陪孩子们洗澡的发条小鱼很容易满足这一要求，但对电子产品来说并非易事，通常会将大多数电子零件封装在头部后与游动零件拼接在一起，且每部分都有自己的发动机。

麻省理工学院的研究人员于 20 世纪 90 年代打造了世界首个鱼类机器人——机器吞拿鱼（Robo Tuna）。从那时起，来自英国、法国、中国和日本等国的科研团队都开始投身制造鱼类机器人。这些研究的最终目标是生产出高效隐形的小型检测机器鱼，但到目前为止，机器鱼最大的成功是成为鱼缸的点缀，用于娱乐观赏，这不禁让人联想到拜占庭的古老鸣禽自动机。

多节式的陆地机器人发展程度更高。这些机器人以蛇类为生物模型，目的是让机器人可以在进入地板下面、管道里或建筑废墟等狭小空间，甚至在内窥镜手术中进入人体场景中实现自动化。多节形状的优势在于即便某些节段损坏，机器人仍可继续工作。像火车或蚯蚓一样，这种机器人两端都配有传感器和控制装置，便于其向前或向后移动。[13]

真正的蛇没有轮子，但许多蛇形机器人在设计中加入了轮子，其中一些是被动轮，其在各个方向上与地面产生的摩擦不同，有助于产生蛇形波动。一些设计为每个阶段都配置了发动机，也有一些设计用轨道替换轮子。

用于外科手术的蛇形机器人（没有轮子）虽然研究成果还没有得到临床使用，但也是一个活跃的研究领域。内窥镜检查已经可以在病人体内铺设带有摄像头和微型手术工具的电缆。尽管在很大程度上需要外科医师操控，但一些独立运动使这种电缆成为蛇类机器人。

壁虎、蜥蜴和蚱蜢也是仿生机器人的模型，壁虎和蜥蜴可以用黏糊糊的脚爬墙，蚱蜢的弹跳高度可以高出自身许多倍。目前，生化机器人和仿生机器人虽仍处于模型机状态，但其潜力巨大。

第四章
感官：它们能意识到我们吗

时间回到 2002 年，一个名叫 Gaak 的小型机器人从位于英国罗瑟勒姆的麦格纳科学冒险中心（Magna Science Adventure Centre）逃了出来，参加了“活体机器人”展览和“适者生存”比赛。它从围栏的小缝隙中爬了出来，沿着入口坡道，从该中心前门出来。人们在车道尽头发现了它，一个游客差点开车从它身上碾过去。

这是媒体对此次事件的报道。[1] 其实，这场闹剧是由 Gaak 的传感器导演的。通过编程，Gaak 具有了“Taxi”行为（直译为“出租车”），虽然拼写相同，但这一行为与汽车没有任何关系，发音为“taxiss”。这一行为是指，转向并朝传感器组发出最强信号的方向行进。Gaak 当时具有趋光性，朝着光线的方向移动。因为它本应扮演“捕食者”的角色，寻找更小但更灵活的“猎物”机器人——这些机器人都配备了光源。一旦抓住猎物，Gaak 就会将自己接入猎物的电源，“吃掉”猎物的电量。

那天阳光明媚，Gaak 一直处于启动状态，所以它开始朝着射向研究中心的阳光前进。

正巧，道路尽头有一棵大树，树枝在风中轻轻摆动，在地上形成了一个移动的光影图案。Gaak 试图朝不同的光斑移动，于是开始绕圈圈，后来被困在了那里。

这个故事带来两个启发。首先，机器人需要传感器来对变化的世界做出反应；其次，做出明智反应——做正确的事情——并不总是简单的，特别是当机器人移动到设定环境以外的空间时，将机器人的动作与传感器的输入信息联系起来可能会产生意想不到的结果。

“机器人”（Robot）一词仍然用来指没有传感器的机械装置，例如已经更新了几代的工业机器人。但第二章指出，真正的“机器人”必须能够实时地对环境变化做出反应。这就是说，传感器必不可少。下一章会讲到，在移动过程中，机器人首先需要从传感器获知的信息是避开障碍物而不是直接撞上去。接下来，机器人需要弄清楚目的地在哪儿，以及如何抵达，这就需要依靠定位和导航。

视觉

就像通常认为机器人应该具有人类外表一样，我们想象中的机器人，感知能力应该也同人类一样。毕竟，配备了摄像机的机器人可以“见我所见”，难道不是吗？

但答案是否定的。就像人体和机器人的身体有所不同，我们无法为机器人配备人类的感官。人的视觉系统远比摄像机复杂，并且同人体一样没有被完全解读。摄像机有均匀分布的标准光感受器。视网膜有两种光感受器。杆状细胞在弱光下工作，不能处理颜色，视力较低，对运动更敏感，分布在视网膜的边缘。视锥细胞则更集中于视网膜中部，并以更高的视觉敏锐度处理颜色。视网膜各处的分辨率不同，分辨率最高的中心区域只有视锥细胞，称为中央凹。

摄像机面向整个场景，通过软件处理捕捉到的内容。

而眼睛总是在移动。如果同样的光线一直照射，人类眼睛的光感受器就会饱和，因此，眼球必须时刻移动，否则我们什么也看不见。非常快速的眼球运动被称为扫视，可让中央窝移向场景中“有趣”的部分。在移动过程中，大脑会编辑中央窝的数据。大脑也可以在移动身体其他部位时，稳定视线。此外，视网膜捕捉到的图像是上下颠倒的，而大脑可将其向上翻转，使其是正的。即使佩戴可以使物象颠倒的眼镜，大脑也会慢慢适应并将图像颠倒过来，摘下眼镜后，大脑会再次适应。[2]

当我们看到一个场景时，看到的是物体，而机器人将相机对准一个场景时，会接收到一组数字，每个像素或图像元素对应一个数字。同是站在一个巨大的广告牌旁，上面印的每个点对它们而言都清晰可见，唯一的不同是，这些打印点是通过颜色表示的，不会出现一组数字来代表。机器人得到的是原始数值数据，因此需要收集周围信息。

机器人接收的数字量取决于相机的分辨率。例如，相机分辨率可能是 400 万像素，或者说该相机拍出来的每张图像都有超过 400 万个数字。机器人是如何提取我们看到的某张图像中的物体的呢？首先是寻找特征，为像素分组。标准方式是寻找颜色相似的像素，以其为边缘或界线。场景中的光线将对边缘的形成产生巨大影响。想象这样一个场景：某人站在机器人面前，阳光透过窗户投在他身侧。这个人的脸边缘被照亮，其像素与阴影边缘颜色不同。在人脸中间有一条阴影线，它与人脸虽本无关系，但将照亮的部分与阴影部分区分开来。了解像素之间的距离可以帮助处理图像。如果机器人对面有人，且他后面还有其他人站在较远的地方，我们就不希望这些人的像素在颜色上与最近的那个人成为一组。人类具有双目，会为每个场景生成两幅图像。由于双目之间存在距离，两幅图像之间的差异会形成位移，大脑可以使用该位移来判断距离。相较于远处的物体，双眼在看近处物体时会更聚焦，眼球晶状体必须改变形状才能聚焦物体，这样肌肉的紧张程度也可以反映出人类自身与物体的距离。

为机器人安装两台摄像机可以产生类似效果。更简单一些的方式是配备具有测距功能的相机。这种相机不是等光线的，而是通过低功率激光扫描场景收集反射。激光从近处物体上返回比从远处物体上要快，这样就可以给每个像素加上距离数字。虽与人眼不同，但激光提供了额外信息，告诉机器人哪些属于边缘，哪些不是。

激光造价高昂，具有极高的准确性，除非是照射在玻璃等反射率极高的表面上。激光也无法应用于自主水下航行器（AUV），因为水会散射波束，使其距离太近。自主水下航行器使用相机也会遇到问题，因为下潜深度越大，光线越少。自主水下航行器使用超声波探测距离，类似于海豚的感官功能。超声波的传播距离远超激光，这样的缺点在于，超声波反弹时，会带来大量鬼影回声。传感器数据图形效果如图 4.1 所示。

这就引出了一个潜在假设：来自传感器的数字都是准确的。但事实是，来自传感器的数据包括一种被工程师称为“噪声”的元素。这个术语最初是指在调幅无线电信号上可以听到的嘶嘶声，后来扩展到所有无用的电子波动。即使机器人保持静止，噪声也会在距离数据中产生小的随机变化。图片中的噪点也会给亮度和颜色带来类似变化。这些变化来源不一：传感器自身电子运动会产生内部变化，环境也会带来一些外部变化。附近的电子设备会产生磁场，形成电流，甚至太阳辐射也会产生电子噪声。

图 4.1　三张传感器数据图形效果图：顶部，斯特林大学——无人机 拍摄点云模型，其中每个点都是必须处理的数字；左下，front lounge 使用微软 Kinect 感应器模拟飞机；右下，激光雷达传感器激光切片中的道路、汽车、树木。或许你可以从这些图片中分辨出物体，这就是眼睛正在分辨。

传感器数据携带不确定因素是无法避免的，因此只能确保在一定范围内保持准确。可移动机器人必须能够区分其收集到的距离数据中，哪些是真实的距离变化，哪些是噪声。工程师已经研制出“过滤器”来降低传感器噪声，抚平波动。这样，机器人用来评估周围环境的数据就相当准确了。下一章我们还会讲到这一点。

现在让我们回到边缘这一问题，假设噪声已经被成功过滤。边缘只是故事的开始，机器人需要识别出边缘是属于哪些物体的。人类可以成功识别物体，是因为我们对周遭世界及世界中的物体了如指掌。婴儿会寻找与人脸类似的物体，这表明他们具备一些内在认识。当光在隐形的无形骨架上移动形成动画效果时，所有人都可以识别出这是人在行走，甚至能判断出性别。婴儿用大量时间观察世界，迅速了解客观物体——在培养手眼协调能力的过程中需要大量时间去抓东西或者用勺子砸东西。但告诉机器人一组边缘，让它辨认这个具有极多可能性的物体，与婴儿认识世界就不是一回事儿了。

如果软件已经对处理对象有所预期，或者正在寻找符合特定模式或模型的物体，那么处理制作一组边缘就相对容易。在摄像机需要关注人或人脸的监控语境下，大多数现代视觉处理技术已经十分发达了。软件会将木棍状的人体模型，与看到的物体相匹配。如果匹配成功，该模型会帮助我们预测摄像机的下一个关注点。模型也可帮助摄像机追踪特定的人，不论他是走到了其他人身后还是部分被遮挡了。一个系统也可以以同样的方式保存特定特征组的模型。脸具有椭圆形边缘，眼睛在底部向上三分之二的位置，嘴巴靠近底部（图 4.2）。

只要光线与预期相差不大，面部识别软件就可以利用这些特征完成好任务。软件会尝试将图像中的特定特征与数据库中大头照的相同特征进行匹配。眼睛的形状十分独特，这就是为什么摘下眼镜会提高自动登机口的效率。

我们可以确认机器人需要完成的任务与监控系统有哪些不

同。机器人会在世界范围内移动，因此必须保证其兴趣点不只停留在面部，尤其需要关注要与之互动的特定物体。一些场景中，机器人需要找到一杯茶并带给使用者或者寻找遗失的眼镜。机器人也可以采摘水果，这时，它需要找到一棵树上成熟的苹果。机器人需要数据库模型或者特征模型，才可识别每种对象物体。

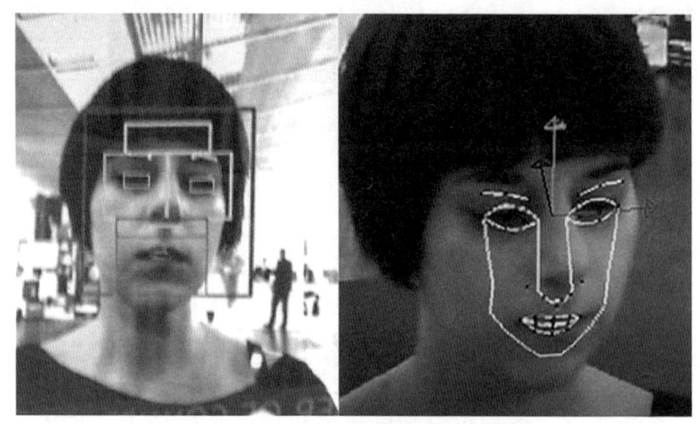

图 4.2　在通过模型获知观察点后，软件可以抓取面部特征。

幸运的是，机器人不需要认识周围所有物体。无论是餐桌、墙还是书桌，只要识别成障碍物就可以了。更重要的是无论障碍物在哪儿，机器人都能避开它们。这很好地解释了为什么给机器人提供极其详细的物体信息，帮助它识别，这是因为任何给定环境都有可能具备其中一些特征。这样的操作也使得识别所需要的计算量降到最低。

400 多万个数字只是机器人处理一张图片的工作量。世界不断变化，仅仅因为机器人自身运动而产生的一张图像，价值不大。因此，机器人的摄像机或需要提供每秒至少 20 张图像，也可能多达 50 张。这些图像构成大量数据，需要处理器性能良好且储存空间充足。为机器人装置所有这些功能，就带来了上一章述及的电量问题，此外还会产生热量和额外的重量。即使是高度自主的机器人也可能需要将摄像机数据传递给机外处理设施。在处理完成时，跟踪移动物体（比如机器人足球中的球）通常接近每秒 5 帧，而不是每秒 20 帧。

光照条件会随着机器人的移动而发生变化，因此很难将其对特征提取的影响纳入考量范围之内。有些特征可能属于独立移动的物体，比如走动的人。但是摄像机也会随着机器人移动，就像下一章会述及的，确定机器人在一系列运动后的确切位置可能十分棘手，更不用说固定摄像机的轮子会摆动，或者更糟的是机器人的腿会产生复杂运动。在图像跳动时提取特征可能会效果不佳。

但也不全是坏消息。机器人意识到自己所处的场景并没有发生太大的变化就是一个好消息。即便发生移动，有所变化，一张图像中的特征也可能会出现在接下来的图像中。典型监控摄像机只能缩放或平移，但机器人可以更好地控制图像的变化：它可以移动抓取有趣的特征或跟随移动中的特征。

另一个好消息是，由于监控已经成为很大的研究领域，公域软件库正在进行必要的处理。任何给机器人配备摄像头的工程师都可以使用到功能强大的软件，无须从零起步。[3]这些软件库现在添加了使用机器学习进行视觉识别的最新方法，我们将在第八章中讨论。这里的逻辑是一个包含被识别对象大量图像的学习程序可以帮助机器人学习用于识别该对象的最佳特征。如果相同对象出现在新输入的图像中，系统应该可以识别，无须再次提取特征。登录验证时，人们被要求指出方格中哪些是汽车就是在帮助系统进行训练。但是，这种做法需要的计算量超过了大多数机器人自身能够承载的，且工作中只能实时关注特定物体，例如帮助足球比赛中的机器人找球。

最后要说的是，当前为机器人配置摄像机，其逻辑更像是上一章讲到的运动控制。在已知对象数量有限的环境中，机器人可以在光线的帮助下完成大部分识别任务。如需识别少量人脸，可为机器人配备这些人的大头照。机器人可以通过移动找到观察这些人的最佳角度。不过，总体而言，带摄像头的机器人仍然不可靠且移动缓慢，与人类的视觉认知不在同一级别上。

但也没有必要只给机器人配备人类的感知功能。就像为机器人摄像机添加测距功能一样，我们也可以为其配备红外相机。让机器人无须眼镜就能拥有夜视能力。机器人的传感器几乎总是比摄像机的要简单。带有接触传感器的保险杠会告诉机器人是否撞到了障碍物。测距传感器不会建立图像，只是在机器人即将撞到障碍物前给出预警信息。这一功能可像讨论过的摄像机一样使用激光，但反射红外或超声波造价更低，也可在周围环境中实现相同效果。传感器通常配置在机器人身体的下半部分，用于躲避障碍物。简单传感器的优势在于产生的原始数据更少，处理起来更加迅速。简单传感器从周遭获取的信息更少，但这也意味着这种传感器较少出现模棱两可的状态。

轮式机器人通常会配备光流检测器。这种检测器可以测量面前的像素移动速度，且无须构建画面。在距离地面合适的高度上，光流能很好地指示机器人移动的速度和方向。

出逃的 Gaak 使用的就是最简单的传感器。这些传感器只用来测量光线、热量或声音等信号的水平。你可能会想，功能如此简单，还能使机器人完成有趣的行为吗？但是无论是正面的（朝向信号源）还是负面的（远离信号源）Gaak 实际上都可以在多个机器人间、周遭环境以及彼此间产生复杂的相互作用，正如第九章将讨论的那样。许多研究者模拟出了这样的小型机器人生态系统。有的生态系统还配备了一个充电站，当内部传感器告诉机器人电量不足时，机器人会被充电站的一盏灯吸引。[4]

听觉

如何让机器人具有听力呢？由于 Alexa、Siri 或谷歌 home

等无实体语音驱动系统的出现，人们已经习惯并且开始期待可以完成通话功能的机器人。语言交互是后面章节要探讨的问题，但如果要实现听力功能，机器人必须拥有接收声音的设备。就像摄像机同人类视觉的工作原理不同，一组麦克风的工作机制也不会与人类听觉相同。

与光线不同，声音的方向性不强。人类可以看到落在视网膜上的对象，并转头看向其他物体。声音可以在周遭任何地方产生，且被人耳听到。就像人类拥有两只眼睛、两只耳朵可以确定位置。来自一侧的声音抵达本侧耳的时间少于到达对侧耳的时间。声音频率也提供了关于移动声源的线索；想象一下，一辆救急车辆向我们驶来后离开，警报器的音调是发生了变化的。最后要说的是，人类外耳错综复杂的形状不只是纯粹装饰，还是作为传入声音的挡板，帮助定位声音。

麦克风阵列可以让机器人具备一定的定位声源能力，但仍存在两大问题。第一个问题是，机器人自身会产生声音，特别是当发动机工作时。这使得接收外部声音的准确度降低，同时解释了为什么人类—机器人互动实验通常需要人佩戴麦克风。即便实验中可以通过麦克风提升准确度，但在更自然的环境下，人们不太可能照此操作。

第二个问题更加基础。人类同其他许多动物一样，具备注意力系统。这意味着人类不会无差别关注所有通过感官得到的信息，而是只关注引起我们好奇的信号，人类眼睛的高分辨率中央凹结构可以帮助人类实现这一过程。以视觉为例，法官收集证人陈述时，一些实验巧妙地展示出缺乏注意力的表现。例如，在某实验中，一位接待人员躲在柜台后，另一个人则突然站起来。许多人都意识不到这个站起来的人。

通过听觉，注意力系统筛去了“背景噪声”，就是我们不想听到的所有声音。大多数正常的人类社会环境都会有诸多背景噪声。门砰的一声关上，汽车沿着街道行驶，洗衣机隆隆作响，广播声声不绝，但我们仍可以同他人交谈，只要背景噪声不是太大，我们的注意力系统就可以将其屏蔽，让我们专注于对方在说什么。即便是在极其嘈杂的环境中，人们也可以听到别人叫自己的名字。这种专注能力十分重要，因此得到了“鸡尾酒会效应”这个名字。宴会上，人们同身边的人交谈，并过滤掉其他人交谈的声音。

就像许多感官能力一样，人们并不知道自己是如何做到这一点的。截至目前，在机器人中实现这种感知能力也极其困难。在日常人类环境中，机器人不善于只关注一种声音，而屏蔽麦克风接收到的其他所有声音。实际上，将其称为“声音”，引出了一个强有力的假设，即它是我们可以关注的单一声音流。这正是机器人实现语言识别时需要完成的目标。需要再次提到的是，在办公室等有几个人的日常环境中，可移动机器人和坐在电脑前通过麦克风讲话的一个人是有很大区别的。即便没有实体，对话系统也是存在于这一空间的。

若该系统能探测到人类说话以外的重要声音并做出反应也是十分有益的，例如，门铃、叫醒铃声或被遗忘在某处的手机发出的声响。这些问题都十分棘手，一些研究者的解决方法是将机器人与智慧建筑连接起来，建筑可以向机器人传递其应当注意到的信息。因此，门铃响起，传感器被激活，智能建筑向机器人发送“有人在门口”的消息。改良后，可在门前放置摄像头，进行面部识别，然后告知机器人建筑的智慧系统判定是谁在那里。

此时，机器人不再是独立的实体，不再像人类那样在被动的环境中工作，它是物联网中的一个元素。机器人、门前摄像头、厨具和洗衣用具、灯和其他家庭用品组成了单一网络，在这个网络中，系统可以将数据传输至所有需要的地方。但是智慧环境同机器人一样，感知能力有限，迄今仍无法像人类一样解读接收到的数据，因此还不能得出机器人无所不能、无处不在的结论。这也同样意味着，机器人应当与智慧环境紧密结合，当缺乏外部信息时，机器人自主操作的能力也可能受限。

所有这些都强调了本章开头提出的一个观点：机器人的感知通常是根据所处环境进行定制的。进入不同环境时，机器人感知可能出现问题，导致工作不稳定、行动难以预测或完全无法工作。因此，在将机器人应用于新的环境之前，需要进行细致评估和测试，确保其能够适应并在该环境下正常运行。

嗅觉和味觉

我们已经讨论完人类五种感官中的两种：视觉和听觉。那其他三种呢？触觉、嗅觉和味觉又是怎样的？触觉将在第六章中详述，接下来我们将探讨嗅觉和味觉。人类的嗅觉和味觉是相互关联的，因为味觉本身是由舌头上的味觉感受器处理的，只涉及七个基本类别：苦、咸、酸、涩、甜、辛辣（如辣椒）和鲜味，而鲜味是最近才被补充进去的。大多数人认为的味觉其实都是由嗅觉产生的。

机器人不吃食物，是不是不需要味觉呢？但嗅觉会带来有用的信息，比如跟踪环境泄漏或注意到气体泄漏或应该被清除的恶臭垃圾。只有具备合适的传感器，机器人才能具有嗅觉，关于这种机器人更常见的名字是“电子鼻”。

相机可以模拟眼睛的部分功能，麦克风可以模拟耳朵的部分功能，因此，电子鼻的目的就是模拟包括人类在内的动物鼻子的部分功能。在感官世界中，人类嗅觉的功能远不如犬类等动物的嗅觉灵敏，即便如此，人类嗅觉仍比大家最初以为的更重要些。一些研究认为，人类鼻子可以识别 1 万亿种气味。[5]

人类鼻腔内有一层特殊皮肤，上面分布着大约 450 种不同的嗅觉感受器。形成气味的分子——一组化学物质——或多或少地与特定的受体结合在一起。每次结合都会向大脑中被称为嗅球的组织发送电脉冲。嗅球将信号传导到大脑其他部分，使气味得以识别。需要再次提醒，即便人们知晓是大脑的哪一部分参与了此过程，但其工作机制仍不为人所知。

因此电子鼻需要一种方法来识别气流中的化学物质。可以使用各类气体探测器，其工作原理包括气相色谱法、光谱法，抑或以特定方式与所涉及的气体发生反应的有机化合物。同人类嗅觉相比，探测器可以检测到的气体数量少之又少，但可以通过不同的组合来识别不同的气味。用于出租车的机器人可以使用一对这样的探测器，检测异味或者气体泄漏的来源。同视觉与听觉一样，嗅觉在分辨特定环境中的特定气味时会更加实用有效。

瑞典研究人员制造的气体机器人采用了更简单的系统，这个机器人可以在垃圾填埋场检测甲烷泄漏情况。[6] 机器人在工作时，会向前方 30 米投射激光，其频率可以被甲烷吸收。通过分析激光反弹状况，机器人可以知晓有多少激光被吸收，进而得出甲烷的浓度。

通过本章中对所有模态的讨论，我们可以清楚地了解机器人感知功能最基础的问题。传感器提供的是数字，而机器人需要的是信息。信息的种类取决于机器人要完成的任务，例如避免障碍，导航到某处，识别物体，跟踪人，进行语言互动，以适当的方式对特定声音和气味做出反应。人类感官可以畅通无阻地提供信息，这种无缝衔接使人们很难理解让机器人产生感官信息需要完成多少任务，也很难知晓已经得到的成果达到人类感知的水平还有多长的路要走。

第五章
走失的机器人：能否自主

你现在在哪儿?

通常人们都是可以回答这个问题的。不知道自己身在何处会令人担心，比方说走丢了。但回答这个问题的方式不止一种。

让我先自己回答一下这个问题。根据 Alexa 的信息，我在被问到这个问题时，会说在苏格兰爱丁堡。即便是在爱丁堡，我也会有不熟悉的地方，不知道怎么走才能找到我认识的地方。

谷歌地图定位显示我在距家两扇门的地方。答案八九不离十，但还不准确。谷歌地图也给出了我所在地点的经度和纬度，但这需要在手机上给谷歌授权定位。笔记本电脑就无法实现这种功能。

我认为自己正坐在厨房餐桌旁，等会儿可能会去卧室睡觉。但是如果一个在美国的人在社交媒体上问我此时身在何处，我的回答一般是“在苏格兰”。如果我觉得他可能不知道苏格兰在哪儿，我就会说“在英国”。但如果我告诉他我的经纬度，对方可能会觉得莫名其妙。

信息和地图

这又回到了上一章讨论的问题，信息和数据需要有所区分。这并非巧合，因为我的地理位置就是从传感器信息中得来的。人们需要的信息内容与使用方式有关，这就是为什么“你在哪里？”可以有不止一种回答方式的原因。

信息的使用方式，就是我如何从椅子上站起来且不撞到椅子或餐桌，引导自己穿过厨房门进入客厅，沿着走廊走下去，并绕开书架、亚麻布柜或文件柜，穿过正确的门进入卧室。爱丁堡、苏格兰、地球、太阳系，甚至经纬度等信息是没有办法帮我完成上述任务的。在当地导航，我需要并且能运用当地地图来跨越障碍。机器人也需要相似的能力，否则机器人就毫无用处。上一章讲到，机器人的感知能力远不如人类。这就是机器人比人类更难定位和导航的原因之一。本书也已经讨论过另一个原因：机器人从传感器中获得的数字数据，需要转化为有用的信息才能完成这些任务。影视剧中的机器人从不缺乏这些技能，而机器人的缺点正是制片人不选择真实机器人的原因。有些人担心机器人会统治世界，但现实中机器人成功定位和导航的能力远远达不到他们以为的水平。

早期的解决方式是给机器人提供位置地图，一般是楼层地图，就像用 x 轴和 y 轴绘制在方格纸上一样。原点位置会自由选择，比如定在地图的一角。定位时，机器人需要知道自己在 x 轴和 y 轴的位置，之后就可以计算所需的直线移动数量（平移）和转弯数量（旋转），导航到新的 x 轴和 y 轴的位置。优秀的搜索算法可以根据平移和旋转确定一条最优路径，让机器人按此行进。

这听起来很是直截了当。这种方法确实适用于电脑游戏中的非玩家角色，但现实世界并没有这么简单。首先，地图可能不准确。即便墙不动，桌椅也是可以移动的，更不用说空间中的其他东西了。当既定路线上有障碍物时，机器人该怎么做呢？如果是在塌方的建筑等无法绘制地图的工作环境中，机器人又该怎么做？

其次，上一章讲到机器人传感器读数会包含一些无法避免的不确定因素，而且机器人也可能不会准确按照理想线路行进。

轮式机器人通过轮子多次转动（也称“里程计”）完成平移，再加之旋转记录，机器人应该能够以初始位置为基点，在地图上标示当前位置。这种方法因完全依赖机器人自载数据而被称为航位推算。这也是许多机器人放弃腿采用轮子的另一个原因。

但不幸的是，现实中轮子会打滑，实际转动的量可能会与要求转动的量有所偏差。错误可能不大，但会越积越多。因此越长的线路，机器人按照计算抵达的可能性就越低。在建筑物内，这会导致本该按照既定路线穿门而过的机器人，把墙当成门直接撞上去。

因此机器人需要来自环境的传感器数据，来检查内部计算是否正确。现实中地面不会有 x 轴、y 轴，机器人需要找到一些标志物在地图上和真实世界中的位置，并将二者进行对比。比如，机器人选择门洞右下角，通过测距仪来确定这个点位的距离和角度。随后机器人将实际需要完成的平移和旋转与计算结果进行比较，纠正位置，这一过程被称为重新校准。正如上一章中提到的，其复杂性在于传感器读数也有许多不确定因素。

研究人员希望找到一种方法可以计算出累积了多少误差，这样，机器人就可以在合理的时间间隔内重新校准。知道准确的位置误差等同于知道正确的位置，这是研究人员要解决的问题。事实证明，某些方法可以从统计学角度预测位置的不确定程度。但这二者并不相同，对不确定程度的预测实际上是在机器人周围画出边界，表明“我在这个区域内的某个地方”。如果区域范围不大，不确定因素就没那么重要。毕竟，即便不知道自身确切的 x 轴、y 轴位置，我们也能成功导航。

上一章提到可以通过过滤解决传感器读数中的不确定因素。

卡尔曼滤波器[1]在估测机器人、宇宙飞船和巡航导弹等移动物体不确定性方面，应用最为广泛。卡尔曼滤波器可以检测两种不确定因素，即来自外部传感器的信息和内部发生情况的模型（速度），这样所得结果比单独检测一种要好得多。

每个变量都可以表示为一个统计分布，均值表示分布的高度，方差表示分布的宽度。机器人接近均值的可能性比位于尾部的某个位置的可能性更大，通过组合这两个分布，我们将这两种数据融合到机器人的位置和速度的更好估计中。当前的预测就是一个状态，滤波器的作用就是利用这一状态预测下一个状态。这样，滤波器可以将机器人做出的各种变化融入机器人的速度和转动中，并处理轮子打滑和旋转误差的问题。从环境特征中获取的新信息可以缩小组合分布，降低不确定性程度。因此，机器人虽然不知道确切位置，但是可以大致知道自己身在何处。由于滤波器只使用最新的观测结果及状态估计，因此不需要存储大量数据，可以实时运行。

20 世纪 80 年代，一些研究人员不再执着于机器人需要精确的地图和完整的路线计划。他们观察到，即便没有地图和路线，许多动物也可以成功完成长距离导航，如迁徙的鸟类。动物并非对地球了如指掌，但它们可以从周遭环境中提取信息，指导自身成功移动。这一学派被称作“行为机器人学”，口号是“世界就是自身最好的模型”[2]。

所以，如果机器人知晓目的地的方位，就可以在没有完整计划的情况下朝此行动，且无须了解目的地的 x 轴、y 轴点位。只要方向正确，机器人就可以驶向既定环境中的任意标识，这样也更接近于人类以地标为根据的导航方式。想想同陌生人问路的场景，你得到的答案会是“穿过那扇门，进入走廊左转穿过弹簧门，是右边的第二扇门”。

这比制订完整的行进计划更加灵活，但也会给机器人带来麻烦。假设在办公室里，机器人想要到达的位置在走廊左端。需要出办公室门才能进入走廊。如果选择办公室左手边的角落作为最佳方向，机器人就会被卡住。机器人必须先出门，再左转才有意义，就像人类辨别方向一样。因此更好的解决方法是结合路线规划，提供类似于门的有效航路点，并在航路点间融入即兴行为。汽车司机导航用的地图软件，其工作原理就是这样的：导航软件关注何时转向，让司机处理短时间内的导航。本章后续会介绍自动驾驶汽车的工作原理。

即时定位与地图构建

研究人员意识到，识别导航时定位环境中的有用特征，就相当于让机器人制作实时地图。这张地图是机器人的视角，但由于是根据最新传感器数据构建的，故它可能比预先给出的地图更准确。或许地图绘制和自身定位并非两项独立的任务，而是同一个问题的两个方面。这个见解带来了目前最成功的导航方法，“即时定位与地图构建”（SLAM），它可同时实现定位和地图绘制功能。[4] SLAM 诞生于二十世纪八九十年代，现已广泛应用于商用和家用吸尘器以及自动驾驶汽车等机器人。[5]

SLAM 真正崭露头角是在 2005 年，那时斯坦利使用自动驾驶汽车赢得了美国国防部高级计划研究署主办的无人驾驶机器人挑战赛（DARPA Grand Challenge）。美国国防部高级计划研究署在 2004 年设立了横跨莫哈韦沙漠的 150 英里（241.4 千米）挑战赛。[6]

首年挑战赛中，最佳参赛者也不过是顺畅行进区区 7 英里（11.27 千米）后就被绊倒，这使得参赛团队为 2005 年重返赛场做出巨大努力。最终，5 辆车完成了岔道、山口和 3 条狭窄隧道等艰难路线。斯坦福大学的参赛者斯坦利仅用时 7 小时就完成了行进路线，领先卡内基梅隆大学的竞争对手 10 分钟。即便参赛车辆的行驶速度都不快，但上年比赛后，斯坦利的成绩也足以令人惊艳。这一成绩促使 SLAM 成为导航的主流方式。

SLAM 可以通过多种算法实现。机器人需要激光、双目摄像机或声呐等测距传感器，并循环执行地标挖掘、数据关联、状态评估、状态更新和地标更新五个步骤。

“地标”一词或许会让人联想到人类世界用到的旋转门、加油站、楼梯、公园。我们想当然地认为，人类有能力从自己看到的东西中发现有意义的物体。机器人需要静态的（没有移动的物体）、独特的（不要与其他地标混淆）地标，这些地标更可能是等角几何图形，并非人类会选择的物体。例如，激光距离数据中的一个脉冲，其邻近的值距离很远或更近，可能是一个地标。这并非让导航中的物体识别变得更加复杂。

其基本思想是提取某个地标后再移动，然后在新位置上将新的范围数据与同一地标相关联。这为机器人提供了某一位置信息，通过测程法和旋转来对比自身的位置。机器人利用这些信息，借助卡尔曼滤波器（或其他估计器）重新估测自身位置，发现状态得到更新时，将被检测到的新地标加入已有的数据组中。

但也会有棘手的情况。在某一特定时间段内，可能根本找不到任何地标。某一地标在被挖掘一次后，可能再也不会出现。最糟糕的状况是，移动后寻找此前地标，可能会匹配错误。一旦出现这种情况，机器人估测的位置就是完全错误的。人们投入大量精力寻找解决此类问题的方式，使得 SLAM 足够强大，可做商业用途。

本章一直提到地图，仿佛同人们日常使用的地图一样。但从对地标的讨论中可以看出，事实并非如此。机器人有不止一种地图，具体形式取决于所处环境和需要完成的导航任务。室内轮式机器人使用的地图可能会将空间划分为诸多正方形，机器人可通过测距仪确定哪些正方形是空置空间。机器人也会使用航路点节点图，这种地图上的节点通过距离和方向信息进行连接。节点图上也可能存在标注的边界或一组中间有一定距离的地标。

户外机器人

户外机器人的情况会有所不同。首先，户外机器人可以使用全球卫星定位系统（GPS）的数据。或者机器人能够看见卫星，只要能看到三颗卫星就可对自身位置进行三角定位。但GPS 传感器也有噪声，因此也需使用过滤器，这便又回到了卡尔曼滤波器。访问手机 GPS 传感器的原始数据，可以看到即使手机保持绝对静止，这些值也会移动。但建筑物内几乎接收不到任何信号，即便是在户外，信号也可能被高层建筑、树木、峡谷般的城市街道和其他障碍阻挡。GPS 数据无法替代基于测距仪的信息，事实上，优步公司（Uber）的原型自动驾驶汽车上就有 48 束激光。

相较于许多室内应用，其他户外因素给机器人行驶器带来更多困难。物体的移动速度更快，留给决策的时间也更短。莫哈韦沙漠几乎没有其他交通工具，但城市里到处都是汽车、自行车和行人。因此，自动驾驶汽车必须具备交通法规知识，这样才能在红绿灯前停车，在十字路口正确让路。

每位人类司机都知道，不能指望其他道路使用者也都遵守交通法规：卡车卸货时同其他车辆并排停放，出租车突然掉头，有些车不看后视镜直接开走，司机停车后大敞车门便下车离开，行人不在红绿灯或有标志的十字路口过马路，而是从任意地点穿行。

司机也有不成文的规定，每个国家情况不同。在英国，司机闪烁前灯会有不同含义，比如告诉其他司机打开前灯，或者暗示其他司机让路。但从严格意义上来说，交通法规对此并未做出规定。这意味着近距离感知在这些环境中至关重要，也是自动驾驶汽车需要配备大量测距传感器的另一个原因。

在建筑物内规避障碍物对机器人而言至关重要，对自动驾驶汽车更是如此。在建筑物内，机器人通常可以使用测距仪绕开静态障碍物，且通常机器人无须知晓障碍物具体是什么。但对自动驾驶汽车而言，绕路也许不可行，且只能违反交通规则行至路对侧才能实现绕路。

例如，在狭窄街道上，自动驾驶汽车跟在某辆公交车后，且许多车辆从另一方向驶来（这种情况在美国以外的国家更有可能发生），那么每次公交车靠站停车时，自动驾驶汽车也必须停下来，等待公交车再次启动时才可离开。所以自动驾驶汽车需能区分采取行动避开障碍物和等待障碍物消失两种情况。在很多情况下，当障碍物是人类时，自动驾驶汽车需要采取的正确行动不是躲避而是紧急制动。而采取正确行动需要能够识别出障碍物到底是什么，这就回到了物体识别上。

即使是在室内环境下，识别动态障碍物，即其他活动的物体，难度也会很大。比如机场里的小型电动车，载着行动不便的旅客穿行于各个登机口。这些小车需要在人群密集的航站楼内穿行，许多人朝它们走来或挡住它们的去路，导致这些小车的行驶速度很慢。但司机可示意人们走开，而无须开车绕行。当开车穿过迎面而来的行人时，这是一个标准的策略。如果司机试图避开所有人，那么小车可能永远无法到达目的地。司机通过按喇叭，提醒那些显然没有注意到来车的人。

这些复杂情况解释了为何无人驾驶汽车只能应用于部分高度特定的环境中。无人机和无人驾驶列车服务是最大的应用领域，后者包括机场航站楼间专用轨道上的穿梭车、整条地铁线等。[7] 无人驾驶拖拉机虽然已经接近上市，但还未投入使用，无人驾驶采矿机在澳大利亚露天铁矿已投入使用十几年，但采矿机需要远程操作。[8] 这些场景的共同点是很少或没有障碍，特别是没有人，因此行驶器无须决策，或决策十分直接。所以“全自动”到底意味着什么？这不是一个纯理论的问题，因为监管此类行驶器需要国际上认可的定义。

导航任务需要时序层次结构来说明它是如何执行的。在最直接的时间尺度上，一切决定都是关于汽车自身的：转动车轮和方向盘，以及避免碰撞。在更长的时间尺度上，需要完成识别位置和导航到航路点的决策。时间尺度继续拉长，则需建立和跟踪使机器人到达特定目的地的航路点，在最长的时间尺度上，需要决定目的地的具体位置等。因此自动驾驶是分层次的，并非只存在有或无两种情况，上述提到的自动驾驶系统就存在于前两个层次。

功能分层对机器人的设计至关重要，第七章和第九章将讨论这个问题。但正如读者所预期的，无人驾驶汽车的监管侧重于司机的应为和不为。用于无人驾驶列车的 IEC 标准有四个等级，从完全由驾驶员控制向上分层。[9] 在第二级，驾驶室的司机负责关闭车门，对轨道上的任何障碍做出反应，处理紧急情况，但列车在车站间都是自动驾驶的。电传飞行的商用飞机自主性基本可划分至第二级。

第三级则不再需要司机，只需要一名工作人员随时在线处理紧急状况。这要求工作人员在需要时直接接管驾驶任务。第四级是指无须工作人员在线，即可完成行驶任务。IEC 标准已经针对无人驾驶汽车进行细化，从驾驶员控制一切的零级开始。[10] 第一级是指，汽车一次只能完成一项自动功能，如巡航控制、自动制动、自动停车。第二级意味着车辆可同时具有两种自主功能，例如转向和油门。特斯拉的自动驾驶仪就处于这一层级。

第三级与 IEC 的定义相同，近期的自动驾驶汽车试验已经可以实现，实现的前提是驾驶员可以在任何时候接管（假设驾驶员参与其中）。第四级自动驾驶是指在某些场景下具备自动驾驶的能力，例如在自动路线上护送；第五级自动驾驶是指在所有场景下都可实现自动驾驶。人们对自动驾驶汽车有着极大热情，但最近的试验表明，现实世界的环境比预期的更具挑战性。复杂的环境引发了多起交通事故，到目前为止，大多数事故涉及司机死亡和特斯拉（Tesla）自动驾驶汽车。2018 年美国亚利桑那州的一起行人死亡事故涉及一辆三级自动驾驶汽车，但事故原因似乎是汽车对物体识别失败以及因此导致的驾驶员对路况关注过迟。

一女子推着装满购物袋的自行车穿过灯光昏暗的多车道道路。车辆的目标识别系统首先将女子归类为未知物体，进而归类为车辆，最后归类为自行车，使用了检测到碰撞 6 秒时间差中的 4 秒。每次归类都需要不同的动作。碰撞前 1.3 秒，系统确定需要紧急制动，但其无法自动行动，根据最初的事故报告，“车辆受到计算机控制时，不启用紧急制动操作，以减少潜在不稳定的车辆行为。”而此时，司机在看手机，碰撞后才刹车。

对自动刹车的论述值得思考，其中暗含着灵敏度问题，或可使得车辆在人类驾驶员不采取措施的情况下紧急刹车的问题。紧急制动也可能引发连锁反应事故，所以司机正确使用紧急制动很重要，虽然做到这点并不容易。

正如第四章谈到的，物体识别对于机器人来说是一项艰巨的任务，特别是在光照条件变化多或光照不足的动态环境中。在建筑物内，智能建筑设施可以补充机器人自身的传感功能。

这一点在户外环境中并不容易实现，特别是对于快速移动的车辆。将车辆与现有的闭路电视摄像机连接起来不失为一种可能，但问题是一旦车辆驶入盲区或超出了摄像头的覆盖范围，将会发生什么？这样做也会引起与数据量有关的实际问题和与隐私有关的道德问题。除感知问题外，还会出现预测问题。人类识别物体的能力十分强大，可以预测行为。例如，公共汽车很快就会离开公交车站，但送货卡车可能会停留在原地。

目前最先进的本地化技术，即在航路点之间导航和寻找目的地，确实支持自动驾驶汽车。因此激发了人们的热情和尝试。问题出现在较低层次的自主性上，系统必须根据性能的好坏，每秒做出可以避免（或导致）事故的决定。因此，在专用固定轨道上运行的列车系统风险更小。目前的技术也能很好地支持部分检查应用。例如用于水下管道的自主水下航行器（AUV）、用于检查架空输电线路，甚至查看家庭屋顶状态的无人机。自主侦察机也已经在各种军队中服役。

从商业角度来看，室内机器人相对自动驾驶汽车而言通常更容易驾驭，但其吸引力较弱。室内机器人进入专用应用领域，许多应用场景已经可以通过人工或固定网络轻松、廉价实现，因此，利用现有资源打造大众市场十分困难。医疗保健、家庭支持等最受欢迎的机器人应用，需要的远不止导航功能。下一章将讲述是否能让机器人与人类无限接近，甚至相互触碰。

第六章
触摸和抓握：我能和机器人握手吗

国际象棋计算机“深蓝”在 1996 年登上新闻头条，当时它在正常的锦标赛规则下击败了国际象棋世界冠军加里·卡斯帕罗夫——这是人工智能的胜利。当卡斯帕罗夫指责国际商用机器公司（IBM）纵容团队舞弊时，争议随之而来。研究人员修改软件，克服程序在上场比赛中展示出的弱点，确实是在干预比赛。“深蓝”使用特殊用途的硬件，一次性思考数百万个可能的移动，它的玩法并非人类使用的方式，这也是客观事实。尽管“深蓝”已经退役，硬件也被拆除，但它仍是一众世界冠军级国际象棋程序的开山鼻祖，如截至 2019 年 11 月已更新至第 17 版的程序“深·弗里茨”（Deep Fritz）。[1]

这和机器人有何关联？

抓棋子和握马克杯

“深蓝”及其后继者在国际象棋的思维概念层面表现出色，但在棋盘上移动真正的棋子这一人类棋手可以完成的简单任务，却超出了这些系统的能力范围。谷歌（Google）开发的阿尔法围棋程序（AlphaGo）也是如此，这一程序在2016年击败了当时的围棋冠军。阿尔法围棋借助机器学习取得了十分显著的效果，但它仍无法移动棋子，[2]这些动作是由人类助手完成的。这就好像人们不认同完成动作需要智能——这与第一章的笛卡尔传统非常相似，只有思考才是智能。

生产在真实棋盘上移动棋子的机械臂是完全有可能的。或许有人认为标准的工业机械臂可以完成这一任务，但下棋同大多数工业应用有着显著不同。首先，目标物体体积小，彼此不同，形状不规则，且距离较近。其次，机械臂不了解拿起或放下哪颗棋子，这是由下一步棋决定的。再次，被对手吃掉后，棋子会从棋盘消失，机械臂需能移除吃掉的对手棋子。最后，国际象棋需要完成复杂的动作，如车王互换、兵升变等。

这种集走法决策、视觉处理及精准操纵于一体的需求，使参与国际象棋成为一项艰巨任务。正因如此，世界领先的人工智能研究机构人工智能发展协会（AAAI）在年度会议上将下棋作为2010年和2011年的小规模操作挑战赛。[3]成功完成挑战的团队巧妙地解决了一些视觉问题——将棋子的颜色更改为蓝色和黄色，提升对比度，在某些情况下它们还更改了棋盘的颜色。挑战要求参与者在棋局正式开始后走完十步。因此每颗棋子的初始位置是已知的。直到 2011 年的最后一场比赛，每支队伍都在不同的棋盘上比赛，人类将机械臂的行为传递给对手。挑战赛并未要求团队解决所有问题，因为在挑战赛的形式下，解决所有问题太过困难。

如果任务只是移动棋子，工程师可以设计一个特殊用途的夹持器操控棋子。棋盘上的龙门架可以解决棋子距离过近的问题。好的工程设计可以圆满完成单一任务，特别是只需要一个机械臂和几个位置已知的物体时。对于固定在基座上的机械臂更是如此。固定位置的机械臂上每个关节都有精确的旋转编码器，每个臂段长度已知，所以定位夹持器的误差很小。商用厨房自动化的研究人员正在推动开发这样的机械臂，[4] 让翻动煎饼和汉堡包成为可能。[5]

你可能会发现一个主题：专属用途。一旦大小和范围缩小至某个特定的水平，问题就可以通过机器学习得到解决。机器人往往不能实现人类和动物都具备的通用能力。人工智能也是如此，接下来的章节将有所论述。但机器人可以解决特定问题，甚至比人类完成得更好。人类具备的能力有时也被称作“一般智能”，这个术语就像一般操控一样会产生误导。即便最先进的系统也无法匹敌人类具备的能力，哪怕这些系统得到公开宣传。

与机器人面临的现实问题相比，下棋需要解决的问题是有限的，因此，同人类希望机器人具有的一般抓取能力相比，操纵棋子也是一项简化了的任务。机器人知晓棋子的数量和形状，也知道需要怎样操控，因此这就是一个简单的抓取—放置任务。在棋类比赛中表现出色的机器人并不擅长煮咖啡，在家庭厨房里煮一杯咖啡要困难得多，除非在设计上投入相当大的精力。擅长下棋的机器人也无法装载洗碗机，这是 2010 年阿拉斯加机器人学会移动操控挑战赛的其中一组技能。

抓一个马克杯和抓一颗棋子是两个不同的问题，更何况马克杯里还装满了水。抓取系统若想像人类一样灵活操作相同范围的物体，必须能够识别不同的物体及其抓取方式。这是孩童需要掌握的知识。六个月大的孩童会通过抓取各种物品，学习成功和失败的经验，习得这一技能。第八章将论述，机器人学的一个完整分支——发育机器人学。这一分支就是专注于模仿婴儿的学习过程的。

至少，这样的系统必须符合第二章讨论过的可供性。杯子把手和红酒杯柄是用来抓握的，盖子需要提起或拧开，如何操作取决于物体的形状；有些东西可以用一只手抓住，而有些则需要两只手。机器人还需要学习物理特性：容器中可能有液体时，不能倾倒容器。就像自动驾驶汽车在行驶途中躲避物体一样，日常生活中的灵活操作也需要物体识别。

工业环境下，变量被严格控制。日常人类环境中，灯光等条件可能每时每刻都在变化。此外，真正可用的机器人既需要能够在环境中四处移动，也需要能够抓取其中的物体。因此机械臂不是固定在已知的位置，而是放置在移动的基座上，其位置不确定，这是上一章讨论过的内容。

假设机器人已经识别出某个物体，所以原则上，机器人应该知道如何抓取这一物体。和完成行走任务的方法一样简单，如果手臂和物体位置都是已知的，那么抓取物体所需的关节运动就可以推算出来，方法与计算腿部的动作完全相同，只是抓取不太可能出现过度平衡的问题。但是机器人如何知道已经成功抓取物体了呢？对于简单抓取来说，如果机器人已经移动抓手，使物体进入手指之间，它将如何确定何时停止向内收紧抓手？在不了解自身和茶杯的确切位置时，我可以拿起厨房桌子上靠近我的茶杯。开始行动前，眼睛结合自身的本体感觉告诉我杯子在我的手可以够到的范围内。手眼配合让我将手放在马克杯把手上，知识告诉我抓住把手需将手转向侧面，让拇指与食指和中指同把手平行。实际的抓握需要移动拇指和两根手指，使得把手置于两根手指之间，靠住第二根手指，这样所有的三根手指都与把手接触，拇指在上面（这是一种方法）。仅仅触摸把手并不能让我很好地握住杯子，所以我移动手指，通过肌肉施加力量，让我可以举起杯子且不会打翻。我的手指有足够的缓冲空间微调姿势来适应把手。

因此，抓手如何知道何时停止抓取的？其中一个答案是力的反馈。肌肉通过自身结构反馈力：肌肉可塑、灵活，可以收缩或扩张。金属臂则不具备天然可塑性，它是由一系列刚性金属通过关节衔接而成的。一种解决方法是在夹持器中加入弹簧和测量扭矩的传感器，可以使其具有一定的可塑性，反馈对物体施加力的大小。当然，这确实使夹持器更难设计。

另一种方法是使用真空夹持器，吸力的大小可以告诉机器人施加了多大的力。真空夹持器适用于工业环境，因为工业环境可以提供压缩空气所需的额外设备，但这种设备复杂笨重，且需电力驱动，使真空抓取器无法适用于大多数移动机器人。

这些局限性促使研究人员转向更能产生人类肌肉效果的材料。气动肌肉就是这样一种材料，但如上文提及的那样会出现压缩空气的问题。[6] 工程师们关注的是一种被称为电活性聚合物（EAPs）的材料。当这些聚合物被置于电场中，其大小或形状会改变。这可直接追溯到 19 世纪 80 年代用天然橡胶条做的实验。一百年后，在 20 世纪 80 年代，研究人员发现，将聚合物与金属结合在复合材料中效果更好。在 1~2 伏特的电压下，材料形状或大小会发生良好变化。

基于纺织品的解决方案同样存在，即使用具有形状记忆特性的金属合金。镍钛合金在冷却时会变形，在加热时会恢复到原来的形状，仿佛拥有记忆一样。用电流加热金属很容易，所以这些合金可以用来引发运动，且无须任何其他机械部件。将形状合金制成的细电线捆绑在一起，就形成了一个系统，可以像肌肉一样膨胀和收缩。

在其末端加一个可弯曲的杯子，这种人造肌肉甚至可以在不压缩空气的情况下将其拉回，从而产生有效的真空。[7]但人造肌肉仍无法匹敌人类肌肉。2005 年，在美国加州圣迭戈一场关于电聚合物制动器和装置的国际会议上，举行了一场掰手腕比赛。三个配置了人造肌肉的机器人与一位人类掰手腕运动员较量。人类运动员轻松完胜三台机器。这项技术仍处于萌发状态，但可以为机器人学提供切实利益。我们稍后会看到，人造肌肉对于动力外骨骼也非常有用。

握手和拥抱

到现在为止，本章一直关注机器人如何抓取物品。那么同人类接触呢？机器人能否举起一个人、握手，甚至同人类拥抱呢？这些行为需要物理接触，问题在于一旦出错，人类就可能会受伤。第二章讲述了机械臂是如何意外杀人的。自动驾驶汽车也是如此，机械臂需要测距传感器来帮助其避开障碍物。每个臂段周围都有一圈传感器，当机械臂太靠近某物或某人时，传感器可以让机械臂停下来。

但躲避障碍物时也不能太过灵敏，在预期动作没有完成时就指挥机器人停下。想象一下，如果机器人需要移动抓手接触某个物体，但避障传感器坚持这个运动将产生碰撞，并在接触发生之前制止了抓手运动，这也是一个问题。两个目标产生碰撞可能会使机械臂卡住或轻轻地来回摆动，不断地试图接近目标并不断将自己推开。如果避障系统禁止自动驾驶器与充电站对接，也会出现相同问题。因此避障系统需要在某一时刻关闭。

避障功能可以保证出现在人类周围的机器人都是安全的，但机器人抓手也需具有可塑性，在接触人类身体时需要动作轻柔。[8] 虽然上述提及的人造肌肉可以带来帮助，但最简单的方法是以弹簧而非马达驱动机械臂。但是如果让机器人具有触觉呢？人们熟悉的触摸屏能用在机器人身上吗？

人类的触觉通过皮肤这一人体最大的器官形成，皮肤是由表皮、真皮和皮下三层组织组成的复杂结构。皮肤内嵌与压力、振动、质地、温度和疼痛有关的多种感受器。感受器通过神经纤维连接到大脑等中枢神经系统，所以整个人体都覆盖着一个感觉系统。复制人类皮肤的复杂程度远远超出目前的技术水平，但工程师们正在积极研究如何用更简单的人造皮肤触觉表皮包裹机器人。

最初的设计不只是每个臂段配置一个环，而且是具有测距传感器的硬质机器人外壳。但柔软的皮肤有诸多优势，可以嵌入更大范围、更接近于人类的传感器，实现更安全的碰撞，提供更令人愉悦的触觉交互体验。触摸屏使用的压敏电子元件——压电传感器——由按压时产生电流的材料制成。电流可以测量，并根据所在位置采取行动。但压电传感器是金属制品，完全不可塑。

人造皮肤使用塑料和其他软质材料，可以随着机器人形状拉伸，这意味着嵌入的传感器也需要具有可伸缩性，因此有了软传感器的出现。传统金属传感器需要复杂的连接来处理弯折和拉伸。新方法利用密集分布的纳米线在橡胶复合材料或光刻技术等材料上打印出极薄的金属层，纳米线的功能有点类似人类皮肤上的毛发。[9]

这种皮肤目前还处于研究阶段，虽然具备高于人类皮肤的绝佳触觉分辨率和灵敏度，但要将其成功集成到完整的机器人表面还需要更多的工作。就像上述提及的所有其他传感器一样，这种皮肤提供的数据必须经过分析才能使用，物体或表面识别也是亟待解决的问题。第八章将介绍如何学习这种方法。

这项研究的重点是实现这项技术。但机器人皮肤对人机互动会产生什么影响呢？ 日本的人形机器人已经具备乳胶皮肤，虽然这种皮肤是惰性的，没有任何传感器检测触摸。肉色的塑料皮肤可能会引起第二章讨论过的恐怖谷效应，因为它们乍一看很像人类的皮肤，但再看就不太像了。人类皮肤的褶皱和皱纹是不同的。由于皮下血管的存在，皮肤颜色有诸多变化，痣和疤痕等瑕疵的颜色变化也更为丰富，且人类皮肤触摸起来是温暖的。一项有趣的研究将机器人触觉皮肤的想法用于一个完全不同的目的：手机交互[10]。这是指手机可以识别手势，甚至对挠痒痒做出反应。当然，许多人觉得这很可怕。

与机器人视觉或听觉不同，触觉传感器需要接触表面才能工作。考虑握手，甚至拥抱，会发现人与机器人接触只是互动的最后一个元素。握手时，人类会做出复杂的决定：伸手之后到底要做什么。拥抱更为复杂，只有当双方一高一低时才能成功。在这两种情况下，社会性互动接触要比抓取静态物体困难得多，我们已经看到，这对机器人手臂来说极具挑战性。

到目前为止，人们看到的所有机器人都是由金属、齿轮和马达组成的。为什么不设计能从缝隙中挤过去和绕过障碍物的软体机器人呢？这种软体机器人在人类周围也会更加安全。软传感器的开发从属于一个更大、更活跃的领域——软体机器人学。这一领域研究完全通过橡胶、聚合物或纺织品等柔性材料制造机器人。[11]这一领域受生物学启发极大，就像第三章中谈到的机器人移动一样，通常属于仿生学范畴。这是指软机器人学重新采纳了生物特征，其灵感来源通常是无脊椎动物，如蠕虫或章鱼，有时也包括植物。软体机器人学需要完全重新思考材料、传感器、运动和控制等机器人制造的诸多方面。

第三章中受蛇启发制造的机器人由离散的部分组成，每个部分单独控制，但软体机器人更像一根管子，可能由内部流体、空气压力或之前讨论过的人造肌肉进行连续控制。还记得第三章中提到的自由度吗？每个自由度都有其特定的输入控制，机器人抵达工作环境中的任意一点需要 6 个自由度。额外增加自由度会产生冗余，这样机器人就有不止一种方式抵达每个点。而软体机器人没有独立的自由度，或者说它有无穷多个自由度。这一特征给软体机器人带来诸多冗余，让它们有无数种方法到达空间的任意一点。

因此软体机器人难以操控，至今仍只存在于研究领域。金属制成的机器人可以通过坚硬的腿部或轮子行走，但是软体机器人也许只能依靠滑动或扭动前行。然而，耶鲁大学的研究人员最近提出了一个软机器人移动的创新解决方案。他们制作了一种有弹性的机器人皮肤，并给皮肤配备了软传感器和形状记忆驱动器。他们证明，可以把这种皮肤包裹在毛绒动物的腿上，通过皮肤来移动动物的腿完成行走——至少是拖着步子走。[12] 由于同人类皮肤外表一致，许多人认为这个进展不可思议。耶鲁大学的研究人员设想，通用的皮肤可以用来适应各种软体机器人的形状。与之前提到的一般用途与特殊用途一样，这里出现了另一个主题。工程师可以生产出理论上更通用的新材料和复杂机制，但这也使控制问题更加凸显。这一点在机器人手部的发展中可见一斑。

大多数机器人抓手与人类的手大不相同。机器人抓手有两个或三个可以活动的手指和一个可旋转的手腕。一些机器人配备的是特殊工具，并非夹持器。也有一些夹持器由橡胶或聚合物等柔软材料制成，用于夹持特殊物品。只要进入日常人类环境，机器人面对的挑战就是如何复制人类用手完成的工作。那么，机器人需要和人类一样的手吗？

就像第三章探讨过的人类双腿，人类双手也是十分复杂的。每只手都有 27 个自由度，且每个自由度都需要得到控制。每根手指有 4 个自由度；大拇指有 5 个，可独立于其他手指工作。在此基础上，手腕也具有另外的 6 个自由度。一种广泛使用的拟人机械手具有 20 个直接驱动自由度、4 个间接驱动自由度[13]和 129 个传感器，包括指尖上的触摸传感器，每个关节上的位置传感器，每个执行器上的力传感器，以及温度和电压等其他传感器。

这是伟大的工程设计，但想象一下，若给移动机器人安装这样一双手会是怎样的场景？会产生多少数字数据？在机器人响应其他需求的同时处理这些数据，速度能有多快？会产生多少热量？耗费多少电能？此外，机器人还需能够规划动作，在成功控制所有以上提到的自由度后使用手臂及双手。通过关节传感器捕捉人手的动作教会机械手特定动作是否可行？与机械腿的驱动问题不同，即便机械手出现错误，机器人也不会摔倒。还可以设想存储一个人体捕捉抓取物品的动作模型（抓取咖啡杯），并根据不同大小的杯柄进行轻微调整。

虽然进行了拟人化处理，但机械手同人手并不完全相同，因此需要一个传递函数将人手运动映射到机械手上。人手可以完成机械手无法完成的动作。近期某科研团队尝试更精准地复制了人手。[14] 它们首先扫描了某具尸体的手部骨骼，并指出，人类的关节通常被机械部件（铰链、连杆和万向节）取代，这些机械部件的功能与人类关节并不相同，特别是拇指的关节。此外还有肌腱和肌肉。该团队生产的机械手可受到带有动作捕捉功能的人手实时驱动，并复制许多抓取动作。此项工作颇具开创性，但短时间内不太可能应用于机器人上面。

除机器人领域外，这项机器人技术还可为有运动障碍的人开发设备，为其打造更好的假肢。“机器人将接管世界”是对机器人技术耸人听闻的诠释，在假肢领域也出现了类似的言论，即将机器人技术与人体融合会使人变得不像人类。如果说第一个群体围绕着“奇点”（singularity）的概念行动起来了，意图使机器人超越人类，那么“超人类主义”就是第二类群体的行动核心，他们认为技术可以为人体和智力带来转变，让人类成为某种超级半人半机械物种，即“仿生人”。不管怎样，这些都还是“人”。

这一想法似乎是在回应优生学，令人不安。除此之外，事实证明，假肢的技术问题与机器人本身一样具有挑战性。在可预见的未来，假肢技术不太可能实现“仿生人”。假肢技术的重点必然是为失去人类一般能力的人提供支持，而不是增强其能力；坦率地说，即使是为失去人类能力的人提供支持，人类想要实现仍需付出大量努力。新材料和新能源正在取得良好进展，但电力、尺寸、重量和安全等基本问题必须得到解决。

下肢假肢置换的进展尤其明显。应用机器人技术的思想彻底改变了假肢的设计。目前的假肢模型配备了碳纤维框架、液压膝关节和内置微处理器，可处理假肢的传感器数据。特殊版本性能优异，甚至可以支持世界级运动员参赛。[15]

与被动型设备相对，主动型设备模型是具备一个自由度的。这听起来可能有些诡异，但请记住，自动化程度是可以分层的。在临床试验中，摔倒自恢复技术已被证明可以减少 60% 以上的跌倒，同样重要的是，这项技术让用户感到更加安全。赋予腿部较小的自主行为，可以帮助用户完成挑战，例如可以像没有配备义肢的正常人那样一步接一步地爬楼梯。

医生们早就知道，截肢患者通常会排斥假肢。美国的一项研究表明，多达一半的下肢截肢患者拒绝使用假肢，这一比例取决于所调查的用户群体，10%~20% 的用户在一年内放弃了使用假肢。[16] 不适和步行时耗费精力是他们放弃的主要因素。新一代下肢假肢可同时解决这两个问题。但价格和获得渠道是制约新一代下肢假肢推广的主要因素。

正如我们看到的，人类的双手十分复杂，因此上肢假肢就显得十分初级。实际的工程设计极其艰难且造价高昂，但更重要的是使用者很难控制多个自由度，假肢远远达不到仿生手的程度。手部动作比腿部动作的变化更多；多数情况下腿就是用来行走的。假肢控制的关键在于简单直观地自动读取用户意图：使用者想要完成的动作。

有两种方式控制假肢。更直接但不太便捷的方法是控制假肢本身。多关节的手可能必须以这种方式操作，通过按钮顺序锁定关节的位置，这确实降低了可用性。但至少如今的使用者可以通过手机 App 控制设备，无须使用实体按钮。当前的一只手具有手势控制功能，使用者可以通过假肢的手势选择四种不同的抓握方式，并在手机应用程序上改变抓握方式。

另一种方法是将假肢与使用者的身体连接起来。这并非想象中的“半人半机械”。表面电极可以附着在使用者靠近假肢的肌肉上。电极可以检测到肌肉活动，代表使用者想要移动肢体。不幸的是，发出信号的肌肉力量或位置还未能得到准确解码。但经过训练，使用者可以有意识地利用这些刺激，因此对于一只手，这些刺激可以改变为这只手选择的抓握方式。[17]

最全面的假肢问题是为脊柱骨折瘫痪的人开发外骨骼（图

6.1）。第三章讨论了来自脚的力反馈对成功行走至关重要。脊柱损伤的人无法感知脚部，不能判断走在哪片地上。但能够直立、移动极大有益于健康，哪怕向前走的步伐很小。标准办法是将人绑在动力外骨骼上，同时安装行走支架，这是出于安全考量，因为腿的动作是使用者通过手臂完成的。这距离外骨骼实现完全移动还有很长的路要走，而且无法帮助一半左右的四肢瘫痪、不能使用手臂的目标患者。[18] 长期使用也会筋疲力尽。

图 6.1　支持截瘫患者的外骨骼。手臂帮助腿部向前运动。

最近在法国进行的一项初期实验表明，一种不同的前进方式或许可行。[19] 众所周知，传感器可以控制运动。这项研究给一名四肢瘫痪的使用者在感觉运动皮层上方的皮肤和大脑之间植入了传感器。科研人员无法解读肌肉信号的具体作用；但这名使用者十分耐心，用了两年时间训练收集传感器数据的解码算法，并将其转化为动作命令。他通过虚拟角色的图形模拟实现了行走，且能够触摸各种物体。最后，他在真实的外骨骼上测试这一算法——为了安全起见，外骨骼被系在天花板上——使用图形模拟提示，并成功行走近 150 米。这一方式潜力巨大，但耗费的成本和精力之大使其很难得到推广。

有一个研究领域的发展速度比医疗领域更快，那就是将外骨骼用于辅助工业中的人工劳动。部分人工作业重复性强，但由于十分复杂，自动机器人无法独立完成，例如提举重物或使身体保持在某个人类会感觉疲惫的位置。外骨骼的设计是通过工业机器人的力量与耐力支持人类工人的灵活性和卓越的判断力。[20] 其优点是活动有限，可消除部分安全隐患。

军事外骨骼的应用正在试验中，但军事环境要求更高，地势不平坦且电驱动外骨骼能够充电的机会有限。美国陆军已经尝试了许多外骨骼设计，其中一些仅限于支撑士兵的腿和脚踝。美国和俄罗斯军方也在测试更具有未来感的全身外骨骼和防弹衣。正如第三章所探讨的移动机器人，更复杂的结构也面临着供电问题，这一点也不奇怪。在作战行动中电量耗尽会十分尴尬。

小型的医疗外骨骼通常用于手臂和中风后的康复，虽然不是爆炸性的应用，但其适用范围更广。中风后的康复训练重复且漫长，为吸引患者参与，可将部分外骨骼与电脑游戏连接：这是此前提到的法国实验中图形化训练的小规模版本。[21] 这种外骨骼造价不高，使用者自己可以驱动，因此避免了上述讨论过的许多控制障碍。

本章讨论到，尽管为移动机器人配备拟人手和通用操作能力在今天还不能实现，但这些机器人技术衍生出的许多产品用处极大。这是本书想要传递的另一个信息。

第七章
机器人会成为人工智能吗

智能

一只狗、一个外星人和一个机器人走进酒吧，身后跟着一位小女孩。

“请问你们想要点儿什么？”酒吧服务员问道。

狗狗用后腿站立，靠向吧台，用下颌挑起一袋辣椒烤花生放在吧台上。

“好聪明的狗狗！”服务员感叹道。

外星人用一条紫色的触手指向酒吧的电视，放出一阵蓝光，屏幕随即显示出“我需要10盎司酒精度为3.5%的啤酒”的字样。

“天哪！”服务员再次感慨，“你真是太智能了。”但这时机器人说了一句“我需要立刻充电”，便瘫在了地上。

“哎，看起来不太聪明的样子，”服务员评论道。

他看向小女孩，“也给你拿些花生吗？”

“不了，谢谢，”女孩礼貌地回答道，“但你为什么在狗狗面前表现出高它一等的样子？为什么会害怕外星人？又为什么在机器人面前自鸣得意？”

好，接下来是第一个满分 10 分的问题。你认为故事里的哪个角色最智能，为什么？

线索：没有正确答案。你可以回答任何角色（当然，机器人除外），言之有理即可。即便环境并非狗狗设计，它仍然做出了合理行为，外星人或多或少解决了自然语言翻译的问题，酒吧服务员处理了复杂的社交情景，也卖出了饮料和小食，女孩则看懂了服务员的非语言行为，理解了他没有说出口的意思。

智能（intelligence）就是典型的明斯基“手提箱词”；这种词汇承载的内涵十分丰富。一场独立对话中，每个人使用“智能”一词想表达的含义都不尽相同。不同词典给出了不同的解释：《牛津英语词典》的解释是“习得并应用知识和技术的能力”，《韦氏词典》的解释是名副其实的大杂烩：“（1）学习、理解或处理新情况或难应付的情况的能力；也指熟练使用理性思维的技能。（2）运用知识操纵环境或完成抽象思考的能力（可按测试等客观标准衡量）。”

心理学家更倾向用一组高级大脑皮层技能进行描述：判断力、记忆力、学习能力、思考、理解、分辨方向、计算和语言。[1]另外也有情感智能的说法，即控制并管理情绪的能力，除此还有社会智能。《韦氏词典》定义的智商测试也称要将待测技能分成解决问题、短期记忆、空间推理和语言等不同领域。因此，完全有理由认为，将所有这些能力归结为“智能”这一特点，更多是出于社会等级，并非与科学有关，也有理由认为，智能其实根本不存在。

如果智能的概念如此模糊，那么该怎样理解人工智能呢？人们又该如何知晓某个机器人是否具有人工智能，抑或其本身就是“人工智能”？本章题目提出的问题该如何回答呢？

人工智能

人工智能于 20 世纪 50 年代成为一大研究领域，主要是在美国。智商测试中的世界观极大影响了人工智能领域。这种观念同笛卡尔的思想极度相关，他们认为智能就是抽象推理和逻辑。首个人工智能系统出现于 1959 年，被称作“通用问题解决者”，这个名字足以令人印象深刻。系统最初为成为人类问题解决模型而打造，但实际解决的都是脑筋急转弯问题。[3]人们认为棋类大师智能超凡，因此针对棋类游戏的程序数不胜数。在这种观念里，人工智能与逻辑相关。没有逻辑，计算机如何进行推理？许多类型的逻辑概念十分简单。它们具有一组符号，代表已知的真或假。通过一些规则将这组符号转换成其他形式，真假即可通过新的符号推导出来。不同的逻辑使用的符号和规则不同。逻辑符号同真实物体没有必然联系，就像整数不一定代表苹果、橘子或者山羊。

因此，在计算机中实现逻辑演绎，解决可以通过逻辑表示的问题是非常可行的。棋类游戏即如此：游戏需要一套棋子和一些简单的下棋规则。数学定理也可以用这种方式表示。但机器人传感器给出的数字流并非逻辑能够处理的。

人们知道自己在日常对话中使用的语言符号具有什么含义。人类的词汇量来自经验。红色与看起来是与红色的物体相关，即便整数同真实世界的物体没有必然联系，人们也学会了用数字给真实物体计数。而机器人的经验是数字化的传感器数据，它们将如何从这样的经验中形成逻辑呢？第十二章将回答这一问题。第十二章会对机器人使用语言进行分析，而语言是人类的首要符号系统。[4]

在真实世界中，人类需要处理传感器数据，并在真假难辨的情况下做出合理行为，这并非因为人类可以预测无法被准确证明的未来。这或许可以解释为什么认知心理学家发现有力证据，认为演绎逻辑并非人生来就有的，且推理并非解决问题所必需的能力。通过演绎逻辑确认智能其实问题重重，而归纳逻辑可能更常用。演绎推理可以根据正确的条件得出正确的结论，归纳逻辑是从特殊中总结一般规律，可能会出现问题。由于经验中太阳每天都会升起，因此人们断定明天太阳也一定会升起，但就像一些科幻小说设定的主题，太阳当然有可能不会升起。这就像人们认为理论上天鹅都是白的，而一旦黑天鹅出现，理论就会被证明是错误的。

一些研究将人工智能定义为赋予计算机能力，“使其可以完成有智慧的行为，就像人类一样。”[6]这又回到了《牛津英语词典》对技能应用的定义。但应当认识到，人们认为与智能相关的技能在很大程度上取决于时间和空间。在17世纪的西欧，只有少数有智慧的精英阶层具备复杂的计算能力，能够完成长除法，即多位数除以多位数。他们被视为极具智慧的人。

如今小学阶段就已经开展了长除法教学活动，计算机每秒也可以完成百万次长除法，人们不再认为四则运算是需要有强大智慧才能完成的任务。笛卡尔观念的影响过于强大，以至于许多人认为复杂的动力运动也不需要智能，人类可以不加思考就能完成物体识别这一对机器人而言难于登天的任务。人工智能研究者有时会十分沮丧，因为他们研制的系统一旦拥有了某种特定能力，那么下一秒这种能力在人们眼中就不那么“智能”了。

20世纪80年代末期，部分人工智能研究者找到了新方向。他们十分认真地研究了两本词典中“应用”（apply）一词的所有例子，认为智能是指一整套官能和特质，使得人类及其他生物能适应自身周围不断变化的环境。

这些研究者观察到，在没有任何逻辑或推理能力的情况下，蜜蜂、白蚁、蟑螂等构造十分简单的生物可以成功地在周遭环境中生存下来。因此他们认为，智能总是随情况而变化的且具有偶然性，因此需要将智能与特定环境及该环境所处的历史联系起来。[7] 这一定义不再关注基于知识的推理能力，而是强调真实世界中的互动。这一点同此前方法中经久不衰的逻辑论有本质上的区别。

这也是更接近机器人学的方法。目前为止我们讨论的内容都在关注如何使机器人在真实世界中成功完成任务。因此，今天许多研究者采用的人工智能定义更加实用，即在特定场合中，能够在正确的时间完成正确的事情，在这种场合下，毫无作为只能让情况更糟糕。[8] 当然“正确”一词也带来许多问题，但这一定义以动作为基础关注交互性，确实为人们提供了一个评估机器人“智能”程度的方法。所以，我们或许应当开始关注机器人在完成动作时，内部发生了些什么。

第四章和第五章讲到机器人需要处理来自自身传感器的数字数据。这些数字需要被转换成有用的信息，告知机器人其所处环境，例如识别机器人此前见到过的某处地标。机器人是如何解读收集的数字的呢？机器人内置的软件程序需要了解这些数字来自哪个传感器：摄像机、保险杠、激光测距仪、超声波发射器和接收器，还是别的什么。传感器的种类可以告知机器人正在获取何种信息（像素、距离数据、某个影响等），及其频率（每秒十次或者每秒五十次）。传感器的具体构造和类型将决定信息以何种形式编码，有多少字节，每个字节包含多少内容，及信息出现的频率。

旧传感器不再工作、新传感器性能更佳或者耗电更低等因素使得机器人需要置换新的传感器，这时情况可能会发生变化。为避免重写机器人内置所有使用传感器数据的软件程序，工程师会分层编写软件程序。背后的逻辑在于，底层专属于某台机器人的某个真实设备，往上一层具备一些标准数字表征，并将进入的数据翻译为标准数字。这台机器人拥有了自己的特定表征，如果底层变更，只需重写翻译过程。所有其他部分都可以继续使用机器人自身的表征。这种分层是机器人架构的一部分。

机器人花费多少力气解决传感器数据在很大程度上取决于进入的信息是什么。如果进入的信息是来自被某次撞击激活的碰撞传感器，那么无须浪费时间分析，机器人应即刻停止运动。在人体中，我们称之为反射。从炉子中拿出一个盘子，如果很烫，手就会立刻松开。这种反应无须任何思考，因为除此别无他选。

出于安全考虑，机器人具备这类反射能力十分重要。如果机械臂上有传感器，可以在撞击前触发停止的反射，那么机械臂的第一个受害者罗伯特·威廉姆斯就不会丧命。在美国亚利桑那州撞死行人的自动驾驶汽车也应当安装停车反射装置。

还有一些其他人类行为也无须思考即可完成。反应同反射不同：反应可以控制，做出何种反应取决于周遭环境。有人同你打招呼时，你也会同他问好，但具体说什么、怎么做取决于对方的身份和所处环境：关系紧密的朋友或许会拥抱，同公司CEO则会说“领导早上好”。反应需要处理输入的信息，而反射则不用，但反应几乎不会处理“如何做”。人们可能认为反应遵循一套“如果—那么”规则，可以全套复制给机器人。这是人工智能中最早被采纳的表现形式之一。

但“规则”一词可能会造成误解。人们会用日常语言来解读规则。例如：“如果我面前突然出现障碍物，那么请避开它。”这句话体现在机器人身上，就是一串距离数据被输入、转换，随后传递某个规则，改变转向角度，离障碍物越近，角度越大，这个过程会持续活跃直至远离障碍物。因为体现这一过程需要一定时间，部分机器人科学家放弃了“规则”的说法，而将这一个过程称为“行为”。控制这些行为组的软件程序层被称为反应层。

转向角度一旦生成，就会被传导至机器人的轮子上。就像输入数据一样，机器人也有自己的表达方式，表达在软件程序底层被转换成针对轮上特定发动机的指令。底层程序要处理的任务远不止这些。还记得第三章中对机器人行走的讨论吗？我们在运动学和动力学之间做了区分，运动学是位置信息，动力学是作用的力、解决惯性和动量等物理量。反应层决定了运动学，底层程序则须解决动力问题，在轮子上施加合适的力，找到正确的转向操作角度。

到这里，你或许会想：这些哪里能体现出智能呢？首先，在正常情况下，机器人的反应层会包含大量的反应动作。既定情况下机器人如何行动取决于被激活反应的种类和时间。传感器数据会持续不断大量涌入，因此许多行为规则会同时出现。机器人表现得多智能，或者说，机器人对周围环境变化的处理有多成功，将取决于机器人如何管理一众资源需求。有些行为可以合并。躲避障碍的行动可以融入朝某一方向的特定运动，如果机器人朝门口走去，但有人推着椅子挡住它的去路，机器人就可以绕过椅子，走到门口。但其他行为可能无法兼容：机器人无法在走向门口的同时，根据特定的脸部特征在整个屋子里寻找一个人，哪怕走向门口是最终目的，且在走向门口的途中机器人就可以搜寻这张脸。

那么机器人如何管理所有的行为反应呢？20 世纪 80 年代，研究人员认为输入的传感器数据可激活当前时刻任意所需内容，有效解决问题。在不同反应间建立链接可以解决相互依存的问题，形成某种网络。这些连接可以显示哪些反应是互斥的，哪些反应可以形成合力。[9]增加一些内部传感器，也会给机器人带来行为，例如，让机器人在电力不足时寻找充电站。在吸尘器机器人等任务量较小的机器人身上，反应系统大有可为。该系统的一大优势在于，机器人总是需要完成某项同当时环境相关的任务。

但如果机器人需要完成一组差异极大的行为呢？例如，在家庭环境中充当助手。打造拥有诸多链接的大型行为网络十分不易。如果某两个行为在一种活动中是冲突的，但在另一种活动中可以相互配合，这该怎么办？检测可以展示工作状况，但也会带来巨大挑战。

早期人工智能研究的基本关注点是赋予机器人做规划的能力。[10]机器人需要利用传感器数据为周围环境建立模型。接着，借助潜在行为数据库，机器人将为不同的行为有逻辑地排序，实现当时的目标。执行计划时，每个行动都将被扩展成诸多子行为，使传感器和发动机开始工作，开始操作机器人。

我们可能会认为计划是典型的人类活动，是真正的智能。但事实上，某些兽类和禽类同样可以制定行为顺序，且没有很多证据证明这些动物在制订计划时会采用同人类一样的方式。[11]此外，人类需要“规划”的内容远比想象的要少，通常只有面对不熟悉的任务或者事情变得十分糟糕时才会用到。大多数情况下，如果需要按照顺序行动，那么人的反应就是照搬此前已经证明可行的那套行为顺序。

这样做是合理的。首先，规划是难度极大的认知行为，一旦开始规划，人的精力就会被占用，无法同时执行其他行动。没有时间规划，有时是因为我们必须即刻行动。其次，为某项规划选择合适的行动需要准确的环境模型。有时这很难实现，因为人真正可以确定的只有自身传感器范围内的东西。如果打算去商店买牛奶，我们是无法提前知道需不需要等红绿灯的。

而且规划是未来的，我们必须假定在所有计划的行动能够执行之前，环境不会以某种方式发生变化，否则我们将有很强的挫败感。如果我刚刚穿上大衣，准备出发去商店，这时有人按响门铃让我签收一个包裹，那么我的计划就需要修改，所以实际上，人们绝大多数的计划活动都是重新计划。

这样就可以充分解释，为什么 20 世纪 80 年代的研究人员更喜欢传感器驱动模式？因为使用早先的规划模式，机器人工作十分缓慢，未能注意环境的重要变化，且经常在计划未进行完时就失败了。第四章和第五章指出，机器人不可能拥有准确的环境模型。在真实世界中，事物变化极快，特别是环境中的其他所有人都在做自己的事情。使用工业机器人的工厂，设计上需要极其谨慎，其中一个原因就是要避免意料之外的变化。机器人自主规划的原本意图也让机器人视野隧道化：除了应当执行的动作，机器人会忽略其他一切。如果面前突然出现一个大洞，视野隧道化的机器人会直接掉进去。

如同许多思想会同时存在，研究者开始思考是否可以把传感器驱动模式的即时响应能力和互动性融入目标驱动，思考先于计划的模式。毕竟这也是人类的行为模式。融合就是将计划当作指导性资源，而非关于每一步要到哪里的一系列具体指令。计划会抽象地告诉人们该做什么，具体操作时，人们会根据当时拥有的条件决定如何做。所以去商店的计划可能包括“过马路”这个行为，但是如何过马路取决于我到路口时的红绿灯情况。

回到机器人构造分层的理念，或许可以在我们探讨过的反射层及反应层上再增加一层。第三层不是用来指导反应层以何种顺序激活动作反馈，而是明确机器人当下可实现的反馈动作中，哪一些是对完成当前目标最有用的。所以，要过马路时，如果没有其他人，那么机器人就需要一个能够指导它激活人行横道信号灯的反馈动作，一个可以被灯光变化激活的传感器反馈，以及能让机器人抵达对面的一系列导航反馈。如果机器人抵达时，信号灯刚好显示可以通过，那么就只有“过马路”的反馈会被激活。第三层可以被认为是将第二层的大量反馈行为融入当下环境。

但你可能会认为还是不够智能，这仅仅是把动作整合到一起，再细化扩展，唤醒机器人的反馈动作，最终给轮子发动机传递一些数字而已。机器人如何决定自己需要制订计划呢？机器人如何决定应当实现哪个目标呢？相较于人类，20世纪

80 年代的研究人员更热衷于研究构造更为简单的动物，因此上述问题对他们而言很好解决。这些研究人员打造的机器人可能是有趋光性的追光者，电量不足时，机器人会转而走向充电站；[12] 也有可能是当地环境的探索者，像 SLAM 那样可以绘制地图，很明显，吸尘机器人就是它们的后代。

即便如此，同人类互动的机器人虽然更加复杂，但通常只配备了几个目标。卡耐基梅隆大学用 4 架合作式机器人展开了一项前沿实验，耗时数年。通过类似于优步（Uber）出租车的调度软件，这些合作式机器人能够根据使用者在网络上的预订，完成配送。[13] 这些机器人可以配送咖啡等各类物品，在走廊十分相似的多楼层建筑中自动穿行，也可应对咖啡厅等复杂的场景。

这些机器人没有手臂，但配备了置物篮；第六章中讨论过机器人手臂要想操作成功会有多么复杂。篮子的设计使机器人在配送时，不会弄洒杯装咖啡。必要时，机器人也会寻求人类的帮助，如按电梯、开门、把正确的物品放到置物篮中等。这意味着，在很大程度上它们的目标就是导航，围绕这些机器人的研究涉及开发强大的本地化手段，让它们可以了解自己在建筑物中的方位。

合作式机器人向人们展示了为什么今天自动机器人只能有几个目标。机器人的每个目标最终都会被转化为某类行为。为达成目标，机器人必须待在实际可执行的行为集合内，也就是需要能够映射反馈的行为集合。机器人必须具备足够的能力应对执行环境中的需求。能力和环境共同决定了机器人可以成功执行哪些目标，不至于中途没电。我永远不会挑战一天跑完 50 英里（80.47 千米）这种目标，因为我知道自己没有这个能力；拿起咖啡杯这种目标，对于没有手臂的合作式机器人来说也注定会失败。

人们常常会低估做计划时需要的知识量。20 世纪 80 年代有一组研究人员不属于机器人学科，却同样关注这一领域。于他们而言，智能不是拥有多少令人赞叹的解决问题的能力，更多的是了解周围事物，包括如何将现有知识应用于新的状况。他们开启了一个名叫“专家系统”的领域，尝试将与世界有关的知识进行编码，让计算机可以使用。[14] 但是，就像机器人只能在限定范围内良好运转一样，专家系统也只能在获得特定任务时才能有效工作，例如使用实验室数据确诊细菌感染或者从可能的零部件中攒出一台电脑。[15]

你可能会说，现在机器人可以联网，无论是某一事物还是所有事物，它们当然能够获得所有相关信息。有两点可以说明这并非问题的答案。

第一，互联网拥有的绝大部分是数据，而不是信息，且数据也会有错误，例如“假新闻”，更不用说还有许多色情和赌博网站。人类将这些数据转化为有用的信息，即使是采用了人工智能技术的互联网搜索算法也无法处理这种模棱两可的状况。例如，搜索“雷鸟”，会出现大量关于鸟类的数据，而非以“雷鸟”命名的苏格兰乐队。

第二，大部分互联网数据是以语言的形式呈现的。处理这些数据需要的语言技能是目前机器人所不具备的（第十二章将对此进行讨论），而且目前技术无法实现将特定单词转化成机器人的反馈，使其完成传感器或发动机行为。

机器人可能会有自己的想法，这一点有时令人担忧。下一章探讨学习时，会同时涉及机器人在拥有自我想法方面走到了哪一步。现在，几乎所有的机器人目标都是编程人员赋予的。除此之外，编程人员也为机器人配备了一些高阶动作，用于实现规划，以及将这些行为和促使机器人完成某些任务的反馈行为联系起来。在多数情况下，反馈行为须提前编程。[16]任何人都可以学习编码小型、廉价的机器人，但问题在于，在行为种类、活动范围及感知都受限的情况下，这种机器人能完成的指定任务十分有限。[17]通过这些机器人，人们可以学习编程，并亲身体验其中的困难。这类机器人并不具备任何软硬件功能，哪怕是最厉害的编程人员也无法让它完成我们所说的智能行为。

前文我们提到过，人类的许多规划本质上就是重新规划。智能行为的一个方面甚少被提及，那就是注意到问题何时出现，并对此做出反应。用一句名言解释，“疯狂就是一再重复相同的事情，却期望得到不同的结果”[18]。这不是人类一直擅长的，机器人还不如人类，因为机器人最多是感知与任务相关的环境。有时，机器人根本没有注意的能力，就像某个臭名远播的吸尘器机器人。杰西·牛顿住在美国阿肯色州小石城，他曾发博客称自己的扫地机器人被设定在每天凌晨 1：30 打扫起居室，大家一起床就能看到干净的屋子。一天晚上，他的小狗 Evie 不小心在地毯上拉了粑粑。机器人从地毯上穿行而过，把粪便弄得到处都是，用他的话说，“我的家俨然就是杰克逊·波洛克的便便画：25 英尺（7.62 米）的便便轨道。”[19]

这并不是偶然事件。Roomba 是最知名的扫地机器人，但它的制造商坦言，这种事件“经常”发生。仔细想想，设计一种传感器，使之能够区分动物粪便和待清洁污渍，对工程师来说绝非易事。大型质谱仪可以区分，但重量和造价远非小小的扫地机器人能够承担的。给扫地机器人使用者的建议还有，请自行清理掉金属钉、螺丝或者塑料乐高拼图。这里又回到了物品识别：打扫卫生时，人类可以预测扫地机器人直至错误出现都无法注意到的失败行为。

为机器人配备识别错误装置的困扰在于，大多数任务会出现很多的问题。限制可能出现的错误数量也是使用工业机器人时，工厂需要谨慎进行工程设计的又一原因。确实，从逻辑上讲，每个真命题都会有无数与之相对的假命题。

去商店买牛奶的计划失败，会有许多可能的原因：附近有场大火因此被封锁，商店里的牛奶卖完了，或者我在途中被石头绊倒，摔伤了手腕儿。可能出现的情况还有许多。有些情况会让我带着牛奶回家的计划泡汤，除非我的手腕儿恢复正常。有些情况需要二度规划，例如找到没有被封锁的区域。另外一些则需要修改计划，这家没有牛奶了，别家商店会不会还有存货呢？

相比机器人，人类不只是擅长发现问题，还更擅长决定是否放弃或者修改某个计划，抑或再做一个完全不同的计划。如果我真的需要，邻居是不是可以直接给我一些？人类可以很好地理解目标的重要程度，以及付出多少努力来纠正错误。从爱丁堡坐火车去伦敦买牛奶就不是一个明智的选择。工程设计的一个关键在于思考可能失败的情况，并让失败正常出现，也就是如果一个高楼坍塌，那么楼应该是向下倒，而不是侧倒。幸运的是，建筑失误的模式远远少于机器人完成人类预期任务时犯的错误。

假设机器人注意到了问题，最简单的选择就是直接放弃，反馈并等待进一步指令。从狗狗便便上穿行而过对扫地机器人来说是致命错误；待在原地，闪烁红灯，或者哔哔作响一定是最优解。这也是行星探测器的做法。当探测器无法得到援救或修复时，重复错误风险极大。

这些例子都再次证明了此前的观点，人类倾向于低估自己在世界中存活所需要的知识量。这一论点也反驳了让通用人工智能（AGI）在某一可预见时间点成功的实验。这个想法又回到了“通用问题解决者”上，是否存在某种通用机制，能够产生手提箱词“通用智能”代表的能力。

通用人工智能，抑或只是人工智能，通常被描绘成一台机器，能够像人类一样理解或学习所有智慧任务。这也让我们回到了笛卡尔关于何为智能的观点。如今，对人工智能即将现世的论断在公共场域屡见不鲜，大部分言论来自非人工智能领域，这让人工智能研究人员颇为担忧。这一论断的传播就是过度夸大的第三个周期。另外两次分别发生在二十世纪五六十年代和20世纪80年代，此后，人工智能研究在很长一段时间内被边缘化，也被称作“人工智能寒冬”。

本书最后一章关注机器人学对社会的影响，届时将探讨通用人工智能。同时，上述讨论也可以让人们清楚地认识到，人类目前是无法打造一款（通用）人工智能机器人的，而且就其外表和其能够执行的任务还没有达成一致。但人类能够就某些特定目的生产可用机器人，人类能做的事情正在以有趣且明智的方式增加。

第八章 机器人能学会自己做事吗

1994 年，一位名为卡尔·西姆斯的图形研究者创造出小型图形生物，并将其命名为“小砖块们”（Blockies）。[1] 这个名字来源于图形自身构造，由相互连接的 3D 立方体组成的小型随机结构，形似奇异的玩具堡（Toysburg）。小砖块们看起来同真实世界的机器人没有半分相似。但西姆斯的兴趣点却与机器人极其相关：他想知道“小砖块们”能否脱离程序自行移动。

他的问题在于，小砖块们需要两个条件才可实现自行移动：一个可移动物理结构（对小砖块们而言就是图形结构）和一个可以指挥小砖块们何时通过何种方式移动的控制系统。西姆斯希望模拟进化过程。在真实世界中，进化过程使得生物能够找到适应自身物理形态的运动方式。第三章讨论到，物理机制、传感器及神经系统共同作用，让人类实现双腿行走，但这一组合极其复杂。因此，西姆斯对小砖块们做了简化处理。

首先他设置了一个具有某些进化特征的基因算法。[2] 每个小砖块的结构均以一组数字代表，控制结构则由另一组数字代表。算法生成了大量不同的小砖块。接着，算法让控制系统驱动各自的小砖块，看这些小砖块在模拟的物理世界中是否能够移动。适应度函数会用来评估每个小方块走了多远。移动距离最大的则成为基准，结构及控制系统的数字会以此为标准重新“洗牌”，生成一组新的小砖块：适者生存。这一过程会循环往复。

西蒙斯发现，过程迭代次数足够多时，这些奇异的结构学会了在模拟的黏性液体中“游泳”，以及“爬行”穿越图形化的平面上。在小砖块们的视频中，优雅与笨拙并存。小砖块的运动不是人类设计师编程设定的。西姆斯小砖块的全部本领中，没有一项可以生成需要轴和轴承的轮子，小砖块们也从未进化出有用的腿。但它们确实说明了一个现象：即便是在虚拟世界，简单的结构也可以通过某些程序学习如何运动。

时间过去了大约五年，布兰迪斯大学的研究者就真实世界中西姆斯方式是否可行进行了探索。[3]他们用杆子和接头替代砖块的形状。布兰迪斯研究团队采用相似的算法模仿西姆斯，在虚拟世界中测试进化版的图形生物。随后团队更进一步，将成功的设计输入 3D 打印机。但发动机需要手动安装，因为那时的 3D 打印机无法完成。最后，研究团队证明，这些用杆子和接头做出来的生物在真实世界和虚拟世界一样，可以自主移动。

监督学习、非监督学习及强化学习

人们可能认为进化不是学习机制，因为现实世界中，进化是许多个体在某个时间量程内完成的，并非单独个体可以实现的。比起学习，这似乎更像是适应。但如果将机器学习定义为“能够正确完成任务的频率更高”，进化就是一种学习。有人可能会对此表示反对——这并非想象中的学习。确实，学习也是诸多手提箱词中的一个，内涵十分丰富。下面我们简单分解一下。

可以被学习的“事物”十分广泛。学习欧洲国家的首都，需要记忆诸多符号并将其同“欧洲国家的首都”建立联系。这本质上是记忆任务。学习分辨菜园中的菜苗和杂草，以及自己种的菜花，则是视觉形状分类任务。还有其他感官分类任务，包括学习区分某种红酒，或在大型管弦乐演出里找到演奏某支歌曲的乐器。

另外也有发动机技能：学习走路、捡拾随机物品、骑自行车以及游泳。还有一种学习，复合多种任务，如记忆、理解、判断以及说、读、写等感官和发动机行为。安全驾驶汽车、解决数学问题、写小说、弹吉他也需要学习复合技能。社会互动性任务更是如此：如何在不同社会语境中完成多人交流，如何教学，如何到别人家做客。不仅学习的内容丰富多彩，学习过程也是多种多样的。人类可以通过死记硬背、指导、模仿、经验、想象等方式学习，当然有时也需要混合使用这些方式。

为机器人编程十分复杂，因此让它们自己学习成为极具吸引力的想法。但会学习的机器人似乎也会令人恐惧。学习能力会不会让机器人脱离人类控制？机器人学习的内容如果反社会甚至具有毁灭性又该如何？让我们看看这些恐惧是否有根据。

机器人的一个特点是运动，但人们见过的机器人运动通常不大合格。因此，学习发动机运动十分有用，但这并不容易。人类婴儿学习如何控制好自己的身体都要花费大量时间，这比下好国际象棋或围棋还要困难。物理世界比棋局限制更少，且变数更大。棋类世界的事件非黑即白，对手走出的一步棋定义分明，轮到你走棋时，也必须界限分明。现实世界中，机器人从传感器中获得数字流后，需要分辨哪些是正确的，并将其输送给发动机。

有三种方式可以将学习计算机化：监督学习、非监督学习以及强化学习。这里，学习是指向机器人输入信息，得到此前没有实现的“正确”输出。一旦学习覆盖了足够多的输入—输出对，在面对同过往输入相似但不一致的信息时，机器人也可以实现输出。

在监督学习模式下，人类为机器人提供输入内容，人类作为老师会告诉机器人应当输出什么。非监督学习模式下，人类为机器人提供大量数据，让机器人自行配对。强化学习介于上述二者之间。人类为机器人提供某一输入内容，机器人完成输出，观察结果，通过奖励或惩罚判断回应是否正确。强化学习是今天机器人学习研究领域最广泛应用的模式，但其应用也仅限于学术研究。[5]商业机器人使用更加传统的人工控制系统，后文将讨论这样做有什么好处。但是，机器学习在其他领域的流行甚至走红，极大地推动了应用学习在机器人学中的落地。强化学习（RL）作为一种通用模式，对一些人具有极强的吸引力，他们希望依靠强大的机制实现智能。

强制学习的应用通常需要一个所有可能行为的网络，其中，两个动作之间的传递链接有一个概率值，这种技术被称为马尔可夫决策过程。强化学习的算法通过这一网络找到某种路径，实现奖励最大化，这被称作“策略”（policy）。机器人学相比于其他领域，确实有些特征使得强化学习十分困难。[6]其中一个特征是，机器人尝试在真实世界中找到产生安全影响的可能组合，如“自动驾驶汽车”。这一过程十分耗时，强化学习算法需要上百万个案例才能有效学习某个策略。[7]例如，某一具有6个自由度的机械臂存在多少种可能的运动，电池限制和潜在的机械失误也需考虑在内。

小砖块们在图形世界中学习，所以机器人或许可以在模拟机中学习。这是许多机器人学习研究所钟爱的方式，但这种方式有些严重受到限制。机器人是真实的物理存在，其运转的世界也是如此。图形世界的图形机器人具备的物理属性仅限于编程人员选择应用的程序。所以模拟需要为参与其中的机器人传感器增加噪声，因为噪声是真实世界的重要元素。但摩擦力和其他力的变化呢？发动机不会一直以相同的方式工作，在同个位置跑两次是不现实的，还有许多其他的不完美和变数，让真实世界成为挑战。

弗莱德与琴吉是一对箱式机器人，二者可共同托起头顶滑动平台上的巨大物体。本书其中一位作者曾与这两台机器人共事。它们的运行思路是，若其中一台机器人移动速度略快，它托举的平台会向后滑动，而速度较慢的机器人托举的平台会向前滑动。第一台机器人稍微放慢速度，第二台机器人稍微加快速度，就可以使平台再次回到中心位置。[8]这就好比两个人共抬一张桌子，他们手上的压力会帮助人们匹配速度。

两台机器人都可以避障，研究人员在模拟时注意到，如果两台机器人遇上柱子等障碍，就会一左一右绕开，对搬运的物体造成致命伤害。但真实应用中从未出现过此类状况，因为没有两台真实的机器人是完全一样的，总会有一台机器人电量更充足，或者轮子更难滑动，因此速度快的机器人总能刚刚好拉动另一台机器人绕过障碍。

另外，这种设置面临的最大问题却在模拟阶段从未出现过。

如果一台机器人加速，滑动平台向后运动，另一台机器人可能会加速过快，这两个机器人会开始疯狂摆动，一方的变化会给另一方带来更大变化。这是系统动力的影响，在表现良好的模拟环境中没有出现也实属正常。总结一下，第一眼看上去很严重的问题其实只在模拟环境中出现，而最严重且真实出现的问题却未在模拟时有所体现。

强化学习的研究团队意识到了这个问题，也明白需要更加谨慎地使用模拟环境，才能让机器人完成正确行为。在模拟环境中运转良好不代表真实机器人也能实现同样的操作。对于看起来令人惊艳的结果，首先要问这是在模拟状态还是真实世界发生的。

人类完成的任务可以成为另外一个机器人学习的内容。首先，人类执行的动作必须是机器人能够分毫不差地完全模仿的；其次，行为的产生需要传感器数据，这样系统就会得到奖励输入。机器人自主驾驶任务具备以上两个条件，因此可以记录人类驾驶员的操作。近期，剑桥大学团队通过强化学习，让一台自动驾驶汽车利用 11 个人类的驾驶录像，学习车道追随。[9]

机器人在真实世界需要强化学习的经验数量并非实践中的唯一困难。还记得奖励功能吗？奖励是学习过程中很重要的一部分，奖励可以有效告诉机器人需要学习什么，这就像适应功能会告诉小砖块们该如何进化一样。好的反馈功能在设计上并非直截了当。任务中，反馈功能需要有足够频繁的行为形成反馈，指导任务进行，最理想的是每个行为都有反馈。流程结束时的反馈通常用处不大。反馈需以数字形式出现，且体现程度，而不是可有可无的——成功—失败的二元反馈用处十分有限。

车道追随案例中，在没有安全驾驶员干预的情况下，研究者尝试给出尽可能安全驾驶的奖励。这听起来是有道理的，因为他们发现自动驾驶汽车学会了如何在道路上穿插行进。汽车并未离开车道，激活安全驾驶员干预，但穿插行进更远的距离使得奖励最大化。另外一位研究者通过引用强化学习，教会（模拟）机器人接连叠放图形方块。[10] 奖励反馈最初被设置为从被移动小砖块所在地面算起，只要高度有增加就会出现奖励。他们推导认为当机械臂将方块抛到空中时，奖励反馈也会出现。但其实，根据上述标准，只要把小方块推倒，就可以几乎不费任何力气实现相同效果。该领域研究称将这种意料之外的行为称为“奖励黑客”（reward hacking）。

一些人危言耸听，将这些问题夸大，认为出现这些问题的机器人会引发重大错误。“回形针”思想实验指出，当机器人的目标只有最大化生产回形针时，可能会创造一个策略，吞并地球上包括人类身体在内的所有资源，将其作为原材料。[11] 作为思想实验，这个结论尚可接受，但只要尝试过使用强化学习让双关节模拟机器人一个接一个堆叠图形方块，就会知道实现这种结论难于上青天。

即便作为思想实验，这个结论仍有不精准的地方。实验中，机器人是否已经学习了如何将一段线材弯折出正确的形状？机器人能否生产这种线材？机器人是否学会了开采所需矿石，再冶炼成纯金属，最后运输并配送货品？机器人是否学会了从人体中提取金属？问题还有很多。但不管怎样，这一思想实验确实揭示了一个重要观点：只有一个目标的机器人可能不会惠及世界。但比起机器人，人类偏执狂可能是更近在咫尺的危险。

自动驾驶汽车需要整套的奖励惩罚机制。长期目标是将乘客安全快速送抵目的地。也有一些重要的额外目标：不伤害（激怒）其他道路使用者，不违反交通规则，不引起交通事故。并非每个目标都能简单转化为数字。在现实世界中，奖励惩罚机制形式多样，有时也需取舍。有利用价值的机器人需要学习的内容不止一项。车道追随只是自动驾驶汽车需要学习的众多技能之一，但学习新技能会导致原有的有效策略丢失也是强化学习的一大问题。这些问题的存在使得机器人通过强化学习掌握发动机技能仍然只活跃在学术研究领域。

机器人大脑

我们知道，人类是效率很高的学习者。为什么不让机器人操控系统模拟人类大脑呢？这样机器人不就也可以成为优秀的学习者了吗？

“机器人大脑”通常是指一个名叫“人工神经网络”（ANN）的结构，该结构是一种基于计算机的模型，参考了部分人类已知的人脑结构。人类大脑拥有约 8600 万个神经元，每个神经元都与另外 1000 个神经细胞相连接。电子通过被称为树突的羽毛状树状连接接收输入，通过复杂的电化学处理，神经细胞会将其以电脉冲的形式输出发送到被称为“轴突”的单一结构，轴突的末端是一个突触。轴突通过末端突触与其他神经元相连，一个典型的神经元每秒可发送 5~50 次脉冲。

20 世纪 40 年代就有研究者模仿大脑神经元网络，那时数字计算机尚未出现。基本逻辑在于，用数据结构代表人工神经元，通过算法评估总结神经元接收到的信息，如果信息大于某个门槛值，则返回发送脉冲。当人工神经元通过网络连接起来后，神经元接收的不同模式的输入能够通过与之相连的神经元转化为输出。学习可以通过改变输入的权重建立模型：提高权重可加强优秀的回答，降低权重可抑制效果不佳的回答。权重改变会产生不同形式的激励，最终改变输出，直到出现正确输出时，整个过程才会停止循环。

人工神经网络研究者就好像在坐过山车，一会儿为它的能力痴迷，一会儿又有极强的挫败感。许多被称为“人工智能”

的技术，也可以被看作数学。输入匹配输出的过程就是由数学函数完成的。x 代表输入，y 代表输出，穿过诸多 x、y 点作一条最合适的线，正是通过回归方法对数据进行拟合后形成的函数，属于统计学技巧。20 世纪 60 年代，当时使用的简单网络无法解决十分直白的函数问题时引来一片失望之声。这种人工神经网络只具有一层输入神经和一层输出神经。[12]

一些研究人员建议增加额外的神经层，以扩大人工神经网络的规模，但很长一段时间里，没有人找到过可行的办法，能在多层次网络中调整神经元权重，实现模拟学习。20 世纪 80 年代中期出现了一种全新的算法“反向传播算法”（backpropagation），可以完成这项任务。这种算法的原理是，输入一些内容后观察在最终输出时出现了哪些错误，再将错误通过网络反向发回，调整隐藏权重。正向同反向循环次数足够多时，网络通常会稳定下来，随后便可以正确处理此前未曾见过的输入内容。

随着新型人工神经网络成功识别手写字母和数字，这种算法再次点燃了人们的热情，因为传统方式在这些任务中从未有过出色的表现。这些人工神经网络使出色的计算机设计也极具实用性，但其工作原理却与人类大脑不同。没有任何证据证明人类神经元可以完成反向传播。一些研究人员开始极度看好，认为人工神经网络能够解决人工智能无法完成的所有问题，但另一些研究人员则警告称，人工神经网络也有局限性。[14]

反向传播就是监督学习的一种。必须由人类告诉人工神经网络哪些输出内容需要计算反向传播的错误。除去这些网络，人们还设计出类似于统计分类器的网络。这种网络可以将相同属性范围内的“相似”输入归在一起，缩小其在多维空间中的距离。这属于非监督学习。最后，可处理演讲等时间独立数据的人工神经网络出现了，这就是循环人工神经网络，它可将输出内容作为新的内容重新输入系统。20世纪90年代中期出现了一段间隙，研究人员发现反向传播算法在某些隐藏层中失效了，例如，深度人工神经网络或者循环人工神经网络解决这一问题再次引发了人们的热情。在机器学习领域，只要听到“深度”（deep），那就是指人工神经网络。自20世纪90年代起，人们见证了许多成功应用。还记得吗？人工智能技术一旦得到普遍使用，通常就会失去“人工智能”这个名字。但是这些应用大部分用于传感器处理和分类任务，并未在控制任务中有所体现。对机器人感知作用很大，但对于驾驶机器人而言，作用有限。这背后的理由十分充分。

设计控制系统的工程师，无论该系统是用于机器人还是其他设备，都需要了解系统能实现的最佳表现是什么。在什么条件下可以正确运转？在什么条件下不能？系统是否稳定？会不会出现上文提到的弗莱德与琴吉出现的失控反馈？对于传统控制系统，工程师有一揽子数学工具可以回答上述问题。即便出现问题，如波音飞机电传飞行系统出现问题，工程师都有确认错误并解决问题的工具。

但分析人工神经网络的控制系统却问题重重。人工神经网络中控制系统工作的方式有两个决定因素：权重及生成该权重时神经网络需要被训练学习的数据。人工神经网络虽然是数学函数，但也无法准确检索需要实现的函数，因为函数广泛分布在整个网络中。这就意味着，人们无从知晓一套深度学习系统到底学到了什么，因为系统的工作机制并不透明。

深度学习已经能够成功完成图像处理问题，且通常比人类更出色。但即便如此，一些错误的出现已经显示出深度学习系统对训练数据可以有多敏感。谷歌图片（Google Image）就是一个反例，该系统将深色皮肤人种的照片 Image 标记为大猩猩，非常无礼，这可能是因为该系统的训练数据集不够多样化。[15] 即便是成功的分类系统，其所使用的特征可能也并非人们期待的；2018 年发表的一篇文章对深度学习的范围提出质疑，文章援引某论文称，“从图片网（ImageNet）提取的数据集之所以能够高度准确地区分狼和狗，是因为在狼图像中检测到了白色的雪块。”[16]

这些限制并未阻止研究人员继续将深度强化学习应用于机器人发动机技能。某家非营利人工智能公司曾展示过一个具有 24 个关节、可以玩魔方的机器人手。[17] 我们在第 6 章探讨过，成功控制一个具有多个关节的机器人手是一项极其艰巨的任务。这家公司发布的录像显示，机器人手可以单手操作魔方，从不同的初始状态开始，即使被毛绒玩具长颈鹿击中也能继续操作。虽然专门为魔方设计的机器人在速度上可以超越这个机器人手及人类，但机器人手能够完成这种复杂的运动任务，也着实令人震惊。

然而，有批评指出，这离解决一般的理解问题还有很长的路要走。[18] 在 80% 的实验中，机器人无法将魔方从桌子上捡起来或者在某个时候魔方会掉落，并且机器人必须使用带有特殊传感器的魔方才能判断魔方每个面的状态。请读者记住，强化学习通常需要大量的试验才可完成。这个机器人实验有一点值得思考，即将模拟中的学习成功转移到现实世界中，可通过图形世界的随机中断来增强现实世界的运动。但报告显示，强化学习若想取得成功，需使用相当于一万年人类操作模拟以及巨大的计算机能力。

第七章讨论到，20 世纪 80 年代出现的人工智能进化产生的系统，融合了新型数据驱动方式及基于模型的旧方式。一些研究者正在探索能否将机器学习中模糊但通用的方式同某一特定领域更加明确的知识结合起来，来提高机器表现并扩大范围。研究人员希望减少强化学习需要试验量，就像魔方机器人那样。最近一项研究成果涉及了机器人如何学会叠叠乐游戏，游戏需要使用木块搭建塔楼。[19]游戏规则要求每位参与者轮流抽取一个木块，将其放置在塔楼顶端同时保证整体结构不倒塌。叠叠乐游戏吸引了许多关注机器人操控的研究人员。

这项研究使用的是标准工业机械臂，并额外配置了一些传感器：手腕上的力传感器及一台分开放置对准塔楼的摄像机。这台机械臂有两个抓手，比魔方机器人的手要简单许多。机械臂被编程设定随机推倒一个小木块，观察结果，以此探索塔楼的物理性质。两个传感器都用来评估结果，测量使用力的大小并与视觉记录最终结果相结合。

该项目没有单独使用模型或数据，而是将二者通过分层结合起来。系统顶部的抽象层代表物理特性知识，底层数据代表真实动作的结果。模型指导机器人获取数据，因此会比强化学习尝试所有的扁平模式速度更快。分层也更接近于人脑，孩子们会在环境中实验，每天获取对物理世界的基本感知。

孩童从无助的婴儿成长为官能健全的成人，将这一过程的探索称为“个体发生”，并促生了机器人学的另一分支，“发育机器人学”（developmental robotics）。这个领域相对前沿，旨在通过交叉研究发展科学、认知科学和机器人技术，发展机器人能力。这具有两重含义：使用机器人证实发育科学模型；通过揭秘个体发生发展中的谜团打造性能更好的机器人。

发育机器人学同表观遗传机器人学有所交叉，后者同样关注认知和社会发展、传感器和发动机间的各种互动（感觉运动的相互作用），以及周遭环境。但是，发育机器人学会研究发动机技能同形态发育间的联系，这一点超越了表观遗传机器人学。

许多发育机器人学平台到现在是处于更新状态的，其中最有名的是 iCub 机器人（iCub 字面意思为“我是幼崽”）（图 8.1）。iCub 是意大利理工学院（Istituto Italiano di Tecnologia）开发的一种人形机器人，目前已在 20 多个研究实验室中投入使用。[20] iCub 是基于人类儿童设计的，因此可以帮助研究人员更好地了解婴儿的先天发展、推动这种发展的力量，以及后续如何获取固有知识。

图 8.1　iCub 机器人以儿童为模型，专门为支持发展机器人研究而开发。

一个研究团队记录了婴儿爬行时四肢的轨迹。[21]根据获得的数据，他们设计出一款振荡器，用来驱动一种生成模式的网络。这种模型可在动态模拟环境下再现几乎完全相同的动作，并移植到 iCub 上。

发展机器人学是一个新生领域，从“自主心智发展型机器人学”“进化发展型机器人学”和“认知发展型机器人学”等其他理论模型中分化而来。[22]发展机器人学的研究包括模拟人类幼崽爬行等发动机技能、手眼协调、轮流（类似捉迷藏游戏）以及所有领域共同关注的发展问题。

“我们叫它乌龟，是因为它教我们这么做。”

20 世纪 50 年代，格雷·沃尔特以这句话为开头，就“机械乌龟”发表了一篇具有开创性的论文，被很多人视为首个采用神经学方法研究机器人的研究者。格雷·沃尔特生于美国，长于英国，并在英国完成神经生理学研究的职业生涯。作为这项研究的一部分，格雷在 20 世纪 40 年代末打造了一些小型机器人，使用了当时的阀门技术。这些机器人有圆顶和轮子，看起来确实很像机械乌龟。

格雷·沃尔特的机器人是简单的机械装置，只有两个感觉器官和两个电子神经细胞，但它可以利用吸引和排斥表现出有趣而复杂的行为，如第四章讨论的趋光性。他试图证明，复杂的行为可以通过简单元素之间的连接以及与环境的交互而产生。

2000 年，伦敦科学博物馆（Science Museum in London）展出了其中一只原版乌龟。[23]

为寻找更好的方法来打造机器人，一些机器人科学家正在从人类大脑结构、大脑动力学和神经科学的发现中寻找更多的灵感。20 世纪 50 年代，诺贝尔奖得主艾伦·劳埃德·霍奇金和安德鲁·菲尔丁·赫胥黎首次提出更真实的神经元模型，该模型正重新得到关注。此前描述的人工神经网络，其神经元大多是非线性连续函数的逼近器。神经元同步处理，在相同的时间节拍上更新。霍奇金—赫胥黎模型中的生物神经元可以实现异步峰值放电，随时响应发生在其他地方的事件。这些尖峰神经元被用来创建大脑各区域的人工模型，模拟这些区域中人类已知的工作机制，并为机器人输入这些模型。这一研究领域被称为“神经机器人学”（neurorobotics）[24]。

神经机器人学受到 20 世纪 80 年代和 90 年代传感器驱动、基于行为的机器人方法的影响，是一个相对崭新的研究领域。大脑—躯体—环境耦合是这一领域的核心概念。该领域创造智能系统，打造机器人的主要原则包括使用生物学上更合理的神经模型，如尖峰神经元，以及重新连接人工神经元，改变机器人的学习方式。由于现实世界的互动需要真实形体，神经机器人便将人工大脑区域嵌入机器人体内。这种机器人具备更灵活的设计表达，可以更好地处理环境约束。

神经机器人学研究中的一个有趣案例是研究帕金森病等神经退行性大脑疾病，试图设计出生物学上更合理的大脑区域模型。在机器人上运行这些模型，观察会产生的身体症状，科学家可以检查模型，然后将其重新应用于对人类病例的理解。

在本章中，我们看到研究人员试图通过学习过程而不是直接编程来开发智能机器人控制器的不同方法。魔方机器人的案例表明，个体的感觉运动任务是可以学习的，尽管速度很慢，而且需要付出巨大的努力。但目前还没有出现能够终生学习的机器人。通用学习和通用智能或通用抓取能力一样，远非如今的机器人能实现。

第九章
合作机器人：能成为人类伴侣或组成团队吗

你玩过“康威的人生游戏”吗？这不是起床去上班的真实世界，也不是棋盘类游戏，这是由英国数学家约翰·康威在1970年发明的电脑游戏。[1]游戏是在一个由空方格组成的二维网格上进行的。游戏开始时，需要填入几个方块，每个方块代表一个小生物（严格地说是细胞自动机）。一旦设定好种群，计算机就会运行一系列简单规则：

1. 一旦相邻细胞少于2个，活着的细胞就会死亡，原因类似于人口不足。

2. 相邻细胞为两三个活的细胞，它们会继续进入下一代。

3. 一旦相邻细胞多于3个，活细胞就会死亡，原因类似于人口过剩。

4. 死亡的细胞一旦只有3个，活细胞邻居就会复活，原因类似于繁殖。

一些刚开始出现的模式很快就消失了。一些简单的细胞模式可以无限延续，比如一个包含 4 个活细胞的正方形小方块。一些细胞像闪烁器一样振荡，3 个水平和垂直交替组成的正方形形成一个条状物。但有趣的是，这个游戏可以自行创造并再生出一些从未被编程过的模型。以滑翔机枪为例，这是一种圆形结构，每隔几次循环就会产生一个图案，像子弹一样划过木板。

这些模式就是“生成”（emergence）的案例，即由简单结构或过程之间的相互作用产生复杂结构或过程。[2] 天气系统就是自然界中的类似案例，天气形成于空气及水蒸气分子的相互运动。有些观点强烈认为，人类意识是大脑结构之间相互作用产生的现象。[3] 还有一些生物案例，如群居昆虫——蚂蚁、白蚁、蜜蜂和黄蜂等。对于这些昆虫另一些机器人科学家也十分着迷。[4]

社会性昆虫能够在没有中心化指挥的情况下，实现大规模集体活动。白蚁能够建造极其复杂的建筑，有一种白蚁甚至能造出 30 米宽、6 米高的土丘。还有一种白蚁可以打造出类似空调的外部结构，并将内部房间与坡道连接起来。蚂蚁可以快速集中力量，寻找某一只蚂蚁发现的新食物资源。据估计，一只蚂蚁可能有 20 种基本行为——比“生命游戏”中的要多，但少于哺乳动物。

我们已经看到大型机器人可以变得有多复杂。我们是否可以通过生成的理念，从许多简单机器人的互动中创造复杂的行为呢？这种方式或许有点儿奇怪。因为每个机器人构造会十分简单，制造更多机器人或许会更廉价；如果某个机器人由于某种原因失败了，任务也可由其他机器人完成，系统是有冗余的。如果可能，你可以增加额外机器人，且无须重组系统。一组机器人可能会更加灵活，能够适应任务中的各类变化。简单机器人的软件相比于大型多任务机器人而言更为简化。

就像第三章讨论的仿生应用一样，这种方法需要研究社会性昆虫如何完成复杂任务。首先被发现的机制是通过环境进行信息交流，被称为“随机协作”（stigmergy）。举个人类的例子，人们不断走在别人走过的地方，形成了一条人行道，这被称为“欲望之路”（desire paths）[5]。研究人员发现，黄蜂通过触角寻找建筑地点，用咀嚼过的木浆建造巢穴。它们倾向于选择有三堵相邻墙的角落。白蚁也会利用结构构造来添加新的部分，而添加后原有的构造就会发生改变。模拟实验表明，这些局部信息足以形成巢穴结构。[6]

蚂蚁通过随机协作完成捕食在计算机世界声名大噪。[7]某只蚂蚁找到一个好的食物来源，收集一些食物，并采取最短的路线返回巢穴，留下信息素的踪迹。另一只蚂蚁遇到信息素的踪迹，就循迹而来，收集一些食物，并释放更多的信息素。很快，就会有一只巨大的费洛金箭指向食物，引来更多蚂蚁。遇到障碍时，不同的蚂蚁会选择不同的方向绕开，但更短的路线会聚集更高的信息素，因为蚂蚁穿行时速度更快。当食物耗尽，蚂蚁遗留的信息素就会减少，已有的踪迹开始消失。黄蜂是对各自建造的巢做出反应，而蚂蚁是集体自发组织的。

群体机器人

受这些思考启发，一个被称为“群体机器人”（swarm robotics）的研究领域出现了，该领域研究如何动员由至少100个小型机器人组成的群体。群体机器人学的一个分支是探索如何开发机器人本身，如何在保证群体可以产生有效服务的同时，使机器人体积更小、造价更低廉。科学家们已经开发出了不止一套包含1000多台机器人的实验装置。[8] 同社会性昆虫不同，这些机器人通常没有多条腿，有的甚至一条腿也没有，因为第三章讲过，腿需要更多发动机，会消耗更多电量。微型化和使用简单的传感器是同样重要的。

群体机器人学的另一个方向是关注在哪些应用中群体可以起到有效作用。危险环境就是一个应用目标。机器人可能会在危险环境下受伤，但群体机器人会比单独的大型机器人更擅长解决这类问题。危险环境可能包括水下、行星外环境以及雷区和被地震破坏的建筑物。分布式感知任务是另一个极佳的应用领域。例如，检测石油泄漏或其他生态灾难，甚至是在加工工厂的管道系统中移动。其中一些任务虽无须合作，但群体可以更高效有力地完成任务；另一些则完全无法由单独机器人完成，例如材料运输。这就是为什么集体运输也是一个标准的实验领域，在实验室里则表现为推箱子。[9]

将微型化发展到纳米级别将产生纳米机器人，即元件达到或接近 10^{-9} 米（或十亿分之一米），这一研究领域唤起了大量工业产业的兴趣。本书中的讨论几乎都是建立在金属发动机范式上的，这种机器人学的主流范式在纳米层面是无法使用的。打造纳米机器人需要根据自然分子设计机制，通过生化反应实现运动和刺激。纳米机器人学并不属于机器人学，而是生物物理工程的一个分支，也是纳米技术领域的一小部分。但近些年，纳米技术也饱受炒作及公众恐慌的影响。令人振奋的想法是让一群纳米机器人进入人体，将药物精准送达病灶，甚至也可在部分血栓引发严重问题前就将其处理掉。

这个研究领域已经吸引了大量工业投资，但直到现在绝大多数工作仍然仅限于开发基础机制，距离实现远大理想还有很长的路要走。分子发动机长什么样子？是如何工作的？动力来自哪里？纳米机器人如何感知周围环境？如何导航？近期研究开始出现一些有用的成果，某纳米机器人的体外实验证明它可以传递有效载荷，摧毁癌细胞。[10] 从体外进入体内需要漫长的过程，期待突破很快出现是不现实的，特别是还需考虑安全及伦理问题。

目前，已经广泛应用于群体机器人的自然界现象是“集群”（flocking）：鸟类、鱼类以及其他动物通过行动实现某种队形的能力。例如大雁迁徙或欧椋鸟形成的V形方阵。同社会性昆虫一样，虽然鸟类是比蚂蚁和蜜蜂更复杂的生物，但它们同样没有中心化指挥，不会使用语言，且行动前也没有统一的计划。

就像第八章中提到的“小砖块们”，集群的最初研究者来自图形学，并非机器人学，且集群已经对影视动画产生重大影响。[11] 这项研究显示，通过在名为Boids（区分鸟类）的图形实体上应用三条规则，可以引发集群效果。每个Boid都需要移动完成下列任务：

1. 使自身和相邻Boid之间的距离维持在某个阈值（分离）。
2. 不可离其他Boid距离过远（聚合）。
3. 周围Boids的平均方向移动（对齐）。

这三条规则同“生命游戏”中的规则不同，通常应用于三维场景，而非二维世界，但二者确实有相似之处。

这项研究吸引了想在地球轨道实现卫星集群的公司，也吸引了拥有海底应用的公司。造价低廉的空中无人机近期扩大了使用范围，许多其他研究者也可参与其中，其中当然少不了军事领域。监视以及跟踪化学羽流和其他环境任务，毫无疑问能够使用 GPS 系统简化定位，这些应用正在研究中。在轻型机器中，英特尔公司为灯光秀生产了具有 LED 灯的“流星”无人机，可大规模用于大型庆典活动等公共事件中。目前规模最大的是 2018 年冬奥会开幕式，使用了 1218 架无人机。

但得出小型机器人在不久的将来会充斥整个世界的结论前，需要指出，群体机器人投入实际使用前，还需要解决许多问题。群体机器人同体型较大的机器人一样受制于电力不足，而且由于体型过小，这些机器人更容易受到电量不足的影响，因为这相对于它们可承载的电量而言，体量过大。很多实验演示是在通电的桌面上进行的，保证群体机器人可以持续充电。相关示例如图 9.1 所示。

图 9.1　造价低廉的无人机通过编队飞行支持实验

从概念上讲，更棘手的问题是如何应对生成行为的工程设计挑战，某位前沿学者将这个问题描述为“群体工程”（swarm engineering）[12]。为实现预想的生成行为，该为群体成员设计哪些行为动作呢？如何确定生成行为能够在期待的条件下准确出现？如何实现可靠性、故障安全、故障诊断等工程设计要求？你或许会发现这些问题同第八章向学习机器人提出的问题有些相似。数学建模以及正式确认方式都在发展中，但工程师在确信群体方式可以应用于现实世界之前，还有很多工作要做。

合作机器人

到目前为止，我们已经讨论了协作型（collaborating）机器人。但是，我们还有另外两个词来描述集体活动：合作（cooperation）与协调（coordination）。这两个词不仅仅是同义词，它们的含义有着微妙的差别。在协作（collaboration）中，各个实体致力于实现共同的愿景，就像蚂蚁收集食物一样。在合作（cooperation）中，实体之间相互支持各自的目标，而这些目标并不一定是相同的。我们可以把合作看作是一种较为松散的组织形式。协调（coordination）则是实现协作或合作的机制，因此，信息痕迹（stigmergy）对蚂蚁来说是一种协调机制。

协作机器人（collaborative robots）就像一个生物群体，而合作机器人可以被看成一个团队。人类团队随处可见：办公室里、处理紧急情况时、运动中、军队里、工地现场以及制造业中。如果人们的目标是让机器人能够超越经过特定工程设计的工厂，适应普通人类环境，那么能够完成团队合作就是一个门槛。纯粹的机器人团队可以吗？还记得第七章中提到卡内基梅隆大学的合作机器人吗？其中 4 个机器人可用于大学院系的各种取物和搬运任务，而哪个机器人执行哪个任务则是由调度算法决定的。这就是这种机器人的协调方式。

然而，对于机器人球队来说，最大的试验台并不一定要有中央协调机制，但要有机器人足球。机器人足球有两个国际联赛即机器人世界杯（RoboCup）和国际机器人运动协会联合会（FIRA）。机器人世界杯由一群计算机教授创立于 1996 年，他们希望通过一个标准但有趣的应用领域激发基于人工智能的机器人学。[13] 最初，在 2050 年前打造出一支能同人类球队同场竞技的机器人球队是人们眼中的“巨大挑战”，但很快，这场世界杯就演变成一整套次级联赛，使用不同尺寸和种类的机器人平台，甚至也出现了只在模拟环境中进行的联赛。

机器人足球面临动态环境，因此挑战性强：事实上，环境变化十分迅速。机器人必须时时决策，处理不确定的传感器数据，决定当下和下一步要做什么，并且机器人不能只有反馈。它们必须预测球正在往哪里去，队友将要做什么，以及对手要做什么，这一点同样重要。预测是合作行动所必需的，在很多领域这都是团队合作成功的要素。

目前为止本书对人形机器人的所有讨论已然清晰地展示出，正常人类大小的人形机器人现在根本没有能力踢足球。目前，这些机器人缺乏必要的速度和敏捷度，特别是缺乏强大的平衡感知力。关注这类机器人的次级联赛目前只要求单独机器人参赛，且只需一小组足球子技能，例如，将摆在面前的足球踢向球门所在的方向，且不摔倒。除非未来 20 年能有比以往更大的进步，否则在 2050 年打造出一支机器人球队的希望渺茫。但这并不意味着投身这项事业就是在浪费精力，它激发了对机器人合作和协调的学术研究。最活跃的次级联赛是“小型机器人”（Small Size Robots），参赛机器人体型限制为身体直径小于 180 毫米，且身高不超过 15 厘米。每个机器人头上都标有彩色图案，用来展示所属队伍及面对的方向。6 个机器人为一组，在铺着绿色地毯的球场（长 9 米，宽 6 米）上，使用橙色的高尔夫球，颜色对比使球的定位更加清晰。球场上到处都是机器人球员，一些还是对手，球的速度极快，感知球的位置状态和本队队友是一项艰难的任务。机器人配有 4 个万向轮及一个附加的踢球装置。

为使游戏更加有趣，与真正的游戏不同，联盟提供了一个名为 SSL-vision 的开放访问视觉系统，以社区为基础进行维护。系统可处理来自摄像机的数据，这些摄像机被放置在位于比赛场地上空 4 英尺高的摄像机座上。从上方俯瞰球场获取的数据会被输送至每个球队的场外计算机中。团队计算机随后通过无线网络（Wi-Fi）向机器人球员传达指令。因此机器人球员的工作机制和人类球员不同，且这种现实球赛与模拟球赛的唯一不同在于，机器人球员是从真实世界的摄像机获取数据，且决策需由真实世界的机器人执行。[14] 由于移动机器人受电池限制极大，因此每场球比赛双方只能各进行 10 分钟，中场最多休息 5 分钟。

目前，小型机器人联赛已经颇具观赏性。机器人移动速度很快，大约每秒 3 毫米，球的速度更快，射门时可达每秒 8 毫米。这和桌上足球很像。[15] 随着游戏不断升级，联赛也收紧了规则，最近的变动是球队从每队 5 人增加到每队 6 人，场地也更大了。胜出的团队利用游戏记录系统学习对手策略和可能的反击策略。[16] 预测在团队胜出中扮演着重要角色。例如，“超前传球”策略允许传球到队友所在的位置。预测对手行动可提供进攻机会，预测威胁可以方便反击。小型机器人联赛的建立就是希望研究快速移动和实时策略，但在当前限制条件下，头顶的摄像机及机器人体外处理模式是妥协后的手段。为激发科学研究冲破这些限制，标准平台联赛（Standard Platform League）在 5 人赛场上使用了 0.6 英尺高的商用双足人形机器人（图 9.2）。[17]

赛场上，机器人必须依靠自身的局部感知功能，在比赛的平台上，这就是一台能力有限的摄像机。找到球很困难，机器人球员通常不知道球在哪儿。出于稳定考虑，机器人球员运动迟缓，就像洗牌一样。但即便如此，球员还是很容易跌倒。更现实的环境让这场比赛看起来多少有些超现实，没有小型机器人联赛的高速度和流动性，以及它的快速和合理准确的传球。但请记住，机器人世界杯的最初目标并非筛选表现最佳的机器人足球运动员。机器人球员可以便捷有效促进机器人发展，更加适应真实世界的环境。

图 9.2　机器人世界杯标准平台联赛使用的是行走速度缓慢的小腿机器人。图片由 Ralf Roletschek 提供

真正需要多个机器人团队的场景是灾后的搜索和救援。这种机器人面临的挑战同机器人球员有本质的不同。灾后救援机器人复杂程度极高，工作环境更大，且没有准确地图。在不平坦的地势上移动以及通过狭小的缝隙是基本需求。虽然对实时性的要求不高，但能够感知当地条件，特别是发现受伤的人类，是此类机器人的首要任务。

2000年，人工智能促进协会（AAAI）在年度会议上举行的比赛中增加了机器人城市搜索和救援（USAR）项目。这项倡议随后被机器人世界杯采纳，自2001年起每年机器人世界杯都会举办机器人城市搜索和救援比赛。[18] 就像机器人联赛一样，随着参赛团队的表现能力不断提高，情景难度也被逐渐提升。机器人的主要任务是从模拟受害者身上找到生命迹象，报告自身位置，以及该位置在机器人生成地图上的地标。2012年，有100支球队进入地区季后赛，11支球队进入决赛。比赛地形由坡道、楼梯组成，近年来还有阶梯田，由模仿瓦砾的木块组成。

第五章探讨了SLAM的即时定位和地图构建功能，这是搜索和救援所需的关键技能。升级SLAM技术的压力，促使某一系统被一款德国商用爆炸物投掷机器人采纳了[19]。比赛期间开发的日本机器人Quince，在2011年福岛核事故中投入使用。美国机器人辅助搜索和救援中心（CRASAR）也将机器人应用于在本国和其他国家发生的灾难中。[20]

深入了解可以发现，许多“机器人”都是受远程操控的，而根据本书第二章的定义，这些根本不算是机器人。这是可以理解的，毕竟如果要执行的任务是远程拆除一颗炸弹，那么没有人会期待自主机器人能完全执行这个任务。但就像第五章说到的，关键因素在于全自主同全远程操控之间还有许多层级。毕竟，人类团队中每个人拥有的自由度也是有限的，受制于角色、权力等级、标准操作流程、完成任务的正规方式等。人类—机器人混合团队必须遵循相似的原则。

还记得第七章提到的分层结构吗？通过访问不同的层次，人类操控员可以实现对机器人不同程度的操控。访问最底层，人类能够直接控制发动机和传感器，驱动机器人并调整摄像机。这样的操作十分困难，也会把人类操作员锁死在一台机器人上。人类操作员是否可以直接访问并使用向上一层呢？也就是说能否操作行为模块。举例来说，操作员可以指挥机器人向前行进两米，或者向左看。

火星探测器的人类操控等级就是在这一层。但操控实现的过程很慢，人类指令需要 20 分钟才能抵达火星，并且需要 20 分钟才能看到结果。绕轨道运行的火星中继站有一个 8 分钟交流窗口，人类指令的延迟同 8 分钟交流窗口使得直接驱动完全无法实现。水下作业也会受到类似限制，无线电通信十分困难且容易出错。机器人版本的城市搜救比赛有一个红区，那就是机器人不可使用无线交流，且必须自主搜救受害者。

计划的更高层次是，操作员能够指挥机器人移动至某个特定区域，然后让机器人自己找到最佳路线。在这种级别的指挥下，人类操作员可以监督一组机器人的活动。机器人世界杯的模拟救援比赛要求监督 8 个虚拟机器人，希望借此提升机器人技能。

人类操作员发出的指令类型以及向多少机器人发出指令并非唯一的问题。一个关于远程操控自主程度的开创性工作也考虑到机器人能否规划自身行动路径，在自主选择执行某个动作后是否需要得到允许，执行完动作后是否需要告知操作员，以及操作员能否随时获知机器人的动向等问题。[21]

这并不是无伤大雅的设计问题，因为人类在监控自主和部分自主系统时有一些存在已久的问题。大规模加工工厂的操作流程早已实现自动化。操作员只在出现问题时插手，指从坐在那里几乎无须做任何事到突然间必须处理连珠炮似的错误信息和警告的状态。在高压情况下，找到问题源头和解决方法会出现失误，如果是在核电厂，后果的严重程度可想而知。第五章提到美国亚利桑那州死亡事件中疲惫的安全驾驶员，在发生意外时就是在看手机，没有关注路况，看来无人驾驶汽车的制造商似乎还未将上述问题纳入考量。

机器人搜救至少是基于任务的，因此可以为监控机器人的操作员提供一个工作框架。但是成功的监督工作意味着操作员必须有信心，被监控的机器人正在继续执行任务，出现意外危险时会发出警示，并告知操作员哪里出现了问题。第七章中

Roomba 机器人的例子告诉我们，检测出错误也不是那么简单的。机器人必须内置一些概念，告诉它什么算是取得进展，否则机器人是不会知道自己是否有进步的。机器人需要有一些“动作”的代表方式，才能在执行动作时知会操作员。可以生成行为的群体机器人和受人工神经网络指挥的机器人也未必能满足上述要求。

这就是人们所说的“透明度”。人类操作员应当知道正在完成什么目标，取得了哪些进步，计划中有哪些行动。人类操作员可能需要问至少四个不同的问题。问题 1“你为什么这么做？”可以让操作员知晓已经执行完的动作的逻辑；问题 2“你正在做什么？”应当汇报系统正在做的事情；问题 3“你看到或者感觉到什么？”应当解释机器人如何阐释周围环境；最后一个问题“能否换种方法？”可以帮助人类操作员思考替代计划。[22]

人类会习惯性地推断彼此的目的，以及在与对方互动时，这些目的会引发何种行为，这被称为“有意的立场”（*intentional stance*）。这种深层社会反馈甚至可以应用于人类之外的事物。[23] 将这种能力延伸到机器人身上的问题在于，类人的外表和类人的行为会让使用者产生误会，不知道机器人的真实功能，人们会误以为机器人有某些特定功能。对于搜救等重要领域的机器人而言，人们承担不起这些误会带来的后果。让机器人的行为更透明，为操作员提供交互窗口，让操作员在参与机器人工作的同时又不至于信息过载，是这些领域采用机器人的重要部分。

最终，工程师开始尝试在工业中通过协作机器人实现人类—机器人合作。[24] 直到最近，工业机器人对周围的人来说都是非常危险的，因此它们需要被隔离起来。但在工业流水线任务中，人类在灵巧度、灵活度和问题解决方面的技能都远胜于机器人，约 90% 的任务都是由人类完成的。工业协作机器人是为了解决部分重型和重复性流水线任务，让人类执行监控任务，同时在需要时提供技能支援。这种解决方案之所以可行是因为机器人顺应性的发展和成熟的避碰机制，且这种工业机器人尺寸较小。

许多人担心机器人会在许多行动中替代人类。本章的讨论表明，人与机器人的结合开辟了一种新的活动方式，这是任何一方都无法单独完成的。

第十章
情感：机器人能够拥有感情吗

2018 年夏天，欧洲航天局将一个不同寻常的小机器人 CIMON 送到国际空间站进行测试。CIMON 是球形机器人，可在零重力下飘浮，风扇可以使其移动，同时配有摄像头和麦克风，使其可与宇航员进行语音交互。CIMON 是“船员的互动式移动伴侣”（Crew Interactive Mobile companiON）的缩写。在机器人 CIMON 一侧身体的屏幕上，展示着一张卡通图形脸，让它成为实体版的 Alexa 或 Siri 助手。

如果你对宇航员的刻板印象是方下巴的直男，不太外露自己的情感，那么 CIMON 可能会让你感到惊讶，因为它拥有识别和表达情感的软件。让机器人具有情感？这是回到了电影《2001：太空漫游》（*2001: A Space Odyssey*）中的机器人 HAL 吗？是那个因为某些设备故障感到懊恼，并决定谋杀所有机组人员来掩盖这个秘密的机器人吗？

围绕 CIMON 展开的实验是考察执行超长期任务对宇航员

的影响，目的是缓解一小组人类在有限空间中与其他人类接触时的压力感，如在执行火星任务时。不用说，机器人并不能控制空间站，只能帮助宇航员追踪各类程序性任务，记住宇航员的音乐喜好，并密切关注宇航员的身体健康。CIMON 作为友好伴侣具备的人格是有限的，它的设计者认为情感储蓄同情感识别一样是不可或缺的。

就像已经讨论过的机器人能力一样，你相信拥有情感能力也非易事吗？ 2018 年录制的一段 CIMON 的视频记录了它让人意想不到的行为。[2] 在播放了一些音乐后，宇航员想要离开，但 CIMON 却还沉溺在任务中：“你不喜欢和我在一起吗？”并指责这位宇航员刻薄。虽然标题中的“情绪崩溃”是夸张表述，但这种行为确实令人不安。更令人不安的是，这种行为更像是人类的喜怒无常，而不仅仅是软件错误。2019 年，CIMON-2 出世，希望它可以更好地完成任务。

人们对与 CIMON 类似的项目态度不一。一些人会一直认为，“情感？让机器人有情感？这是在干什么？我想要理智的机器人，不需要他们发脾气。”这又回到了笛卡尔认为智能就是推理的能力，而情感是智能的对立面，是女性和儿童才会出现的非理性的破坏性能力。然而，反向理解这种观点，就会发现情感使我们区别于机器，成为人类。因此，“具有情感”的机器人似乎就像拥有超级智能的机器人一样具有威胁性，让人类不再拥有成为人类的独特空间。但后面会看到，这些立足点都与当前人类情感与理智的互动机制背道而驰，也并非机器人的实际应用。

情感与情绪

对大脑的深入理解已经改变了人们对理智与情感之间关系的看法，这种关联也被心理学家称为“影响”（affect）。[3] 研究大脑系统相互作用的方式通常需要大脑特定部位有损伤的病人。先进的扫描技术可以显示大脑的哪个部分受到了影响，损伤如何改变了受试者的能力，受试者不再能完成哪些事情，虽然同正常人的方式不同，受试者仍能完成哪些任务。

情感似乎是人类动机系统的基本组成部分，而动机会促使人类产生行动。还记得“智能就是‘做正确的事情’”的观点吗？这就是说，情感是智能不可或缺的一部分，既不平行于智能，也不与智能竞争。一位神经生理学家进行了一项著名的研究，研究对象是一位情绪系统因病变而受损的病人，他根本感觉不到任何情绪。[4] 这位神经生理学家发现，病人在决策方面遇到了极大的困难。在无数的选择中情感似乎短路了。现实世界中，人们通常没有时间也没有能力审视一个行动的每一种可能性。人们只会选择当前条件下的最佳方式。因此可以将情感看作帮助人类平衡快速决策和更多反思的能力，这些决策会十分及时，但有可能出错。

情绪也是人类生存器官的一部分。恐惧就像廉价的短期记忆，即便看不到引起恐惧的可怕猎食者也能让人们持续奔跑。愤怒让人们在威胁面前积极行动。

恶心让人们远离变质的食物和污秽，尊重和钦佩等情感将社会组织联系在一起。感受可以帮助人们做出决定，处理意外情况，也会帮助人们彼此交流。互动时，人们会持续监控对方的情感状态。还记得上一章讨论的故意立场吗？人总是想知道别人在做什么，目标和意图是什么。精神疾病患者和醉酒等被化学物质诱导的人之所以会让周围人警惕起来，就是因为人们不确定这些人会做出什么。正是由于情感同行为联系紧密，非语言表达行为才能够反映人的感受，为周围人知道他们的目的提供重要线索。面部表情、体态、手势以及音调都是人类互动中的核心元素，某些情况下甚至比人们使用的词句还要重要。缺少表达行为会令人不安，因为人们会认为这个人难以预料，甚至有敌意。为机器人配置情感状态应有十分充分的理由。

当然，情绪太多也会事与愿违。这就是为什么父母会教育小孩子要控制情绪，特别是不要生气。情感智能（emotional intelligence）可以平衡各类情感，并对外界做出回应。但是控制情感并不仅仅指控制感受以及受感受驱使出现的行为，更是指控制交流。表达行为在交流中异常重要，虽然通常情况下表达行为同人类感受并不直接相关。四岁以上的孩子知道如果爷爷奶奶送的生日礼物不合心意，最适合表达的情感不是失望而是感激。表达行为并非只是情感状态的外在表现，更是一种社交信号。

既然如此，“赋予机器人情感”又意味着什么？首先，“赋予机器人情感”并不是让机器人同人类一样，可以体验真实情感。机器人情感是一种模型练习。机器人情感模型同人类情感的关系在很大程度上类似于降雨模型需要变得潮湿，或者牛肉汉堡包的图形模型需要真的吃一个。

这种模型对机器人可以起到双重作用。它是行动选择的一部分，即机器人下一步动作，也是机器人表达行为的一部分，是同周围人类交流的一种方式。原则上，这些都是独立进行的；机器人情感模型可以只有行为选择，而没有表达行为。也可以只具备表达行为，但没有改变任何行为的模型。这两种模式都有例子。但是，将二者结合起来显然优势更大。如果机器人模型能够生成正确的情感并用于行为选择系统，那么机器人的行为表达也会同样正确，能够同机器人正在做的事情相吻合。

单一情感模型并不存在，主要是因为心理学界在定义上没有统一。心理学有许多不同的理论和模型，[5]就像智能一样，情感也具有多种不同含义。人们从自身体验中认识到情绪会影响整个身体。一种影响力极大的分类方式建议将情感按照两个维度分类：唤起（arousal），是指身体感到兴奋的程度；效价（valence），则是指这种情感的高兴程度。[6] 轻微生气会比怒火冲天的唤起程度低，但二者的效价都是负数。

假设某个机器人正执行 SLAM，正在摸索周围环境。每次成功识别地标，都会增加效价值和唤起度，让机器人加速移动。找不到地标则会减少机器人的有效价值和唤起度，让机器人放慢速度甚至回撤。此时，情感模型就类似记忆事件的行进过程。

这样的观点恰好满足基于驱动的机器人架构。第七章介绍了机器人软件系统分层的问题。底层同机器人某些特定的硬件进行交流。再向上一层，视角会更宏观，将行为分成几组反应，连接输入的抽象传感器信息与抽象化的具体行为。每个机器人都拥有数量庞大的反应组，问题在于大多数有用的反应如何在给定的时间内被激活。一种解决方式是设置第三层，用来制订计划，树立可以启动和停止反应的目标。

但基于驱动的机器人架构有不同的视角。在这种模式下，机器人具有一系列内置传感器，连接电池电量（对应人类的饥饿程度）以及其他与机器人意向活动相关的量值，例如，机器人表现如何。每个值都有上下限，中间就是舒适区。如果某个值超过了舒适区范围，就会激活某个反应，目的是将该值重新拉回舒适区。这个过程被称为“内稳态”，也是第二章所讨论的恒温器的功能。当然如果电池电量变低，人们就会希望机器人优先执行回桩充电的反馈动作。[7]

也可以将某些值看作情感，比如机器人在努力变得“开心一些”。另一种想法是采用这种方式模拟好奇心，也就是说，如果机器人在一段时间内没有发现新事物，就会在自身活动范围和电量允许的情况下，开始探索周围环境。

但有人会担心，如果机器人只在向人类射击或者执行其他不必要的操作时才开心怎么办？

针对这些担忧有两种回答。第一种，让机器人产生如上行为需要有人提前编程设置，同时为机器人配备枪支并拉动扳机。这种情况不可能“凭空发生”。第二种，情感系统的目的是帮助机器人在众多反馈中选择正确的一个，用以应对诸多不同的困难场景。使用传统自动化方式制作一个只会射击的偏执狂机器人远比采用情感系统要容易得多。本书最后一章会基于目前自动化武器的成果，就这一严肃问题进行讨论。

情感模式

现在，我们来看看完全不同的情感模式。有一种模式被称为“认知评价”（cognitive appraisal），这种模式不是优先处理情感带来的实体问题，而是模拟情感是如何在大脑中发挥作用的。[8]认知评估模式认为，人类在观察世界时并不能保持中立，而总是在琢磨正在发生的事情是否能支撑自己当前的目标。

支持目标的事件可以带来积极的情感，反之就会引起负面情感。同唤起—效价模式对情感进行分类不同，认知评价模式希望明确某种情感的发生机制。这一理论十分成熟，许多复杂情感被囊括在内，例如，好事发生在喜欢的人身上会产生的“替他 / 她开心”，某件事让朋友的目标受挫时产生的“替他 / 她难过”，好事发生在不喜欢的人身上时会产生的“厌恶”情绪，以及在坏事发生在不喜欢的人身上时产生的“幸灾乐祸”。认知评价的早期版本多用于研究者的智能图像人物，并在应用过程中定义了 40 多种同上述内容相仿的情感。[9]

我们可以将这些生成的情感同另外一个被称为“应对行为”（coping behavior）[10]的理论联系起来。逻辑在于，人类感受到某种情绪，特别是负面情绪时，通常会在两种方式中择一处理。要么改变世界的状态，让自己更开心一些，要么跟内在情绪抗争，战胜它。

想象这样一个场景，你走在大街上，突然有个陌生人冒出来对你破口大骂，这时你将会同时体验到“生气”和“恐惧”两种情绪，你的性格特点会决定哪种情绪更加强烈。你可以选择回应愤怒的情绪，大声回击，甚至猛烈抨击那个人，你也可以选择回应恐惧，转身退缩。或者，你也可以在心里告诉自己，这是个陌生人，他没有理由对你大喊大叫，最好的办法就是若无其事地走开。

情感模型采用认知评价和应对行为，可以保证机器人在没有完成任务时产生抱歉的情绪。这种情绪可以链接到的反应行为，要么是纠正错误，要么是向周围人道歉。

葡萄牙的研究人员在名为 iCat 的桌面机器人（图 10.1）上设置了认知评估程序。iCat 的颜色令人愉悦，是由黄色塑料制成，有一张可动的卡通猫脸。在课后棋类俱乐部里，有两位小朋友会通过电子棋盘下棋，研究人员希望 iCat 可以成为其中一位小朋友的朋友。[11] iCat 会从棋盘中得到信息，知道每个棋子的位置，同时借助相关的下棋程序评估刚走完的这步棋。如果同 iCat 成为朋友的小孩走了一步好棋，它就会表示开心，否则就会表达伤心的情绪。如果对方走了一步好棋，iCat 也会表现出伤心的情绪，如果对方走了一步坏棋，iCat 会表现出一定程度的“幸灾乐祸”，当然研究人员是仔细控制这种情绪的。棋友机器人就是这样一种应用，很好地传达使用表达性行为建模的情感。如果某款机器人需要同人类在日常环境中互动，人类就会将机器人的行为解读为某种情绪，就像第二章提到的那样。他们会将机器人看作人类一样对待。因此，设计表达行为，帮助人们更好地理解机器人正在做什么，计划做什么是一个优秀的解决方案。那人类该如何做呢？

我们唯一真正了解的表达行为是人类，所以可以从研究人类开始。面部表情的分析可以一直追溯到 19 世纪，当时的法国贵族、科学家布洛涅对此进行了实验。他找到一位面瘫患者，通过电流刺激面部肌肉，使其产生面部表情，并给患者拍照。虽然这一实验完全没有顾及研究伦理，但这项工作为后来被称为“面部动作单元”的研究奠定了基础。

图 10.1 这就是 iCat，这次它直接和一个小朋友对弈。

动作单元并非解剖学领域的描述，而是一组可使面部产生某个明确运动的肌肉。人的面部共有 44 个动作单元，如内眉增高（AU1）、脸颊增高（AU6）和酒窝增高（AU14）。微笑是由 AU12 执行的，涉及口鼻之间沟壑的变化、眶下三角形（从眼睛底部到嘴巴顶部的区域）的变化，以及嘴角的变化。[12]

研究人员将这种方法应用于机器人时，通常将其与被称作"原始情感"（primitive emotions）的心理学观点结合起来。[13] 这一理论认为一小部分情感和人类与外界的物理互动关系紧密，因此地位特殊，而且可以产生全球通用的面部表情。原始情感通常包括开心、伤心、生气、恐惧、经验和厌恶。每种情感都可被定义为一组动作单元，让机器人可将这种情感转化为面部表情。

直接应用这种方法需要一个具有复杂面部的人形机器人。第二章讨论到，即便是这种人形机器人也会出现问题。发动机相对不稳定，产生表情不仅需要静态的面部动作单元，也需要动力。如果机器人面部表情与真人的不太一样，很可能会引起恐怖谷效应。不管怎样，并非所有机器人都具有面部特征，具备面部特征的机器人更可能拥有一张动物的脸，就像 iCat 一样。即便有，机器人的面部也可能没有足够的自由度实现更多的面部表情。本书一位作者研发了一款具有表现力的机器人头部（图 10.2），通过 11 个自由度限制了这款机器人能产生的动作单元。

原始情感这一概念也涉及一个实际问题。日常交往中，很少有人会表现出强烈的表情，通常情况下，这种表情一旦出现就会引起警觉，因为表情暗示了某种程度的情绪，可能会产生意想不到的行为。人类表情大多低调短暂。正如上文中作者假想的反对意见那样，我们当然不想要一个看起来非常生气的机器人。在许多机器人应用环境中，厌倦或沮丧的表情比恐惧或厌恶的表情更有用。

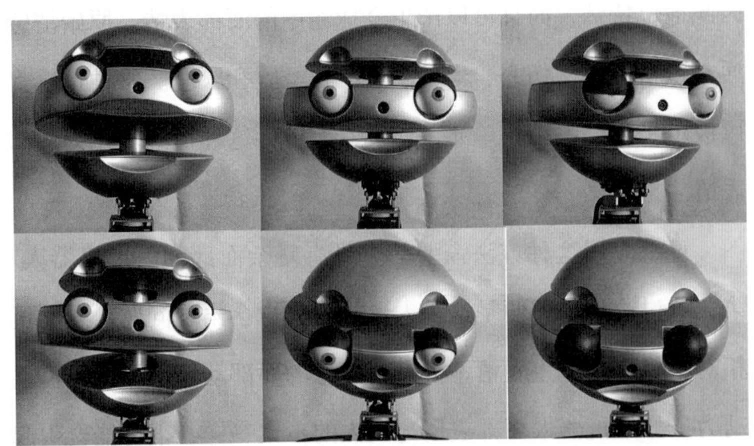

图 10.2　EMYS 机器人头部拥有 11 个自由度，仍然可以产生有趣的表情。这些表情更多来自卡通动画，并非自然的人类表情。

这或许可以解释为什么机器人表达行为的设计者不参照心理学理论，而是更依赖于动画电影的传统。幸运的是，脸部可以通过嘴部活动、眼睛形状（更圆或更长）和眉毛的动作中获得大量表情。将这些特征与头部运动结合起来，可以传达出一系列积极和消极的表情。同名电影中的动画机器人瓦力（WALL–E）就是一个很好的例子。两个摄像头充当瓦力的眼睛和眉毛，结合身体动作和微小的声音，这一机器人角色能够表达一系列情绪。

对于没有面部，甚至没有头部的机器人该怎么办？动画也是有用的解决方案。好的动画师可以通过改变简单图形立方体的移动方式来传达情感。[14] 立方体可以蹑手蹑脚，昂首阔步，滑动，潜行。唤起—效价的情绪解读模型可以帮助理解：高唤起意味着更快和更舒展的运动，高效价意味着开放和直立的姿势。如果机器人有手臂，则可以做出更快、更宽或更慢、更克制的手势。

机器人还可以使用人类没有的模式，比如彩色 LED 灯。[15] 明亮和欢快的颜色可以表示高唤起和积极的效价，而更暗、更黑的颜色则表示低唤起和负效价。

最后，人们可以把经验应用到家养宠物身上。人们习惯于将宠物的动作解释为有表现力的行为。机器人可以有猫狗的耳朵，并通过耳朵表达行为，机器人甚至也可以有尾巴。也可以给机器人配置声音，就像《星球大战》中的 R2-D2 和 BB-8 机器人一样。机器人完全不需要同人类相似或拥有人类的行为。

这位国际象棋伴侣 iCat 将机器人情感建模的理论进一步延

伸，它可以对自己支持的孩子表达同情。我们认为，情感建模可以协助指导机器人行为，并为周围的人提供理解机器人内部状态的窗口。iCat 则有些不同：它将孩子会有的情绪反射回孩子身上。如果想进入家中等私密环境，机器人必须能够注意到周围人的情绪并做出反应，毕竟一个无视你心情糟糕，每天一成不变只会开心地说“早上好”的机器人太令人恼火了。

人类善于注意他人的情感状态，虽然每个人的观察能力确实各不相同。例如，孤独症患者在解码他人情感行为时会遇到困难。心理学家认为人类有两种解码情感的机制。一种机制是设身处地站在他人立场想象自己会有什么感受。iCat 就是模拟了这种机制，假设孩子们走得好就会高兴，走得不好就会不高兴。心理学家称之为“认知共情”（cognitive empathy），也是“心智理论”（theory of mind）的一部分：人们会假设其他人的思维和自己的一样。

表达行为

另一种机制依赖于表达行为，作用于较低的意识层面。如果看到有人哭泣，我们也会感到悲伤，也就是说，我们的反应与他人的表达行为一致。这有时被称为“情绪感染”（emotional contagion），但更正式的名字是“情感共情”（affective empathy）。

人们一直认为，大脑特定部位包含的镜像神经元赋予了人类共情的能力。可以让机器人具备这些能力吗？ 认知共情依赖于对另一个人处境的推理。研究人员已经在传统人工智能中广泛研究了这种类型的推理。问题是，要想正常工作，机器人必须准确了解某个人所处的情况，而这取决于感知。但正如我们所看到的，感觉是不可靠的。本章最开始提到的 CIMON 机器人的怪异行为，可能就是由感知故障导致的。

工作环境越有组织、可预测，机器人对周围人情况的判断就越有可能是正确的。如果机器人和人类共同参与一项活动，那么二者都会受到活动进程的影响。他们拥有共同的目标。iCat 之所以运行良好，是因为国际象棋提供了一个非常严密的工作环境。机器人很容易了解棋手在游戏中的状态。本书的作者之一曾指导过一个具有移情能力的机器人，工作内容包括在触屏桌上进行寻宝——作为学习地图阅读技能的一种手段。[16] 虽然这种场景不像国际象棋那样定义严谨，但使用者在寻宝游戏中的进展情况以及对线索的反应速度让机器人能够推断出他们的情感状态。

从表达行为中识别情绪已成为一个重要的研究和商业应用领域。数码摄影的发展，以及监控行业的需求，使计算机视觉出现了许多进步，如识别某些面部表情的能力，特别是笑容。视觉系统可以寻找相关的动作单元。与此同时，手腕传感器也得到了发展，目前广泛用于监测健康和运动。这些设备可以测量脉搏频率和其他指标，脉搏可以显示腕带者的唤起程度。

这是否意味着可以为机器人配备强大准确的情感识别功能呢？但很不幸，虽然有一些商业论断，但这个问题的答案仍然是否定的。是的，如果一个人面对镜头时，光线良好，且皮肤白皙，嘴唇和脸之间对比清晰，那么他的微笑就能被很好地识别出来。但微笑是人类脸上最复杂的表情之一。

还记得这个观点吗？刻意选择一些表达行为代表某种社会信号，不只是内在的情感状态。孩子们从祖父母那里收到不想要的礼物时，他们的微笑是为了表达感激，并不是因为高兴。不是只有政客才需要用微笑来实现某种影响的。微笑是相互问候的一部分。微笑也会表达羞愧或赞成，甚至有伤心的笑和愤怒的笑。在日常交往中，面部表情和内在情感状态之间很少有明确的关系。正如此前所说，大多数时候表情也是短暂而低调的。

相比之下，唤起度是一种可靠的测量方法。但唤起度只能反映一种情绪的强烈程度，不能反映出情绪的本质。效价可以用来表示情绪状态的愉悦程度，但无法直接测量。的确，有些情绪的效价可能会误导人，例如正义的愤怒会有多危险。

所以，这确实是一个好想法，但说起来容易做起来难。就像讨论机器人的其他能力一样，人类所能做的或许仍然有用。

一种方式是将几条不同的信息结合起来，积累证据，寻求更大的确定性。这可能意味着多模态处理，需结合面部表情、唤起水平、手势，甚至声调来判断。[17]机器人也可以添加收集到的有关情况信息。

之前提到过的共情导师就是采取了这种方式。机器人记录参与者的面部表情，测量其兴奋程度，并思考参与者是如何与触控桌上的寻宝游戏互动的。共情导师的目标不高：只是尝试区分挫折（高唤起，负效价），无聊（低唤起，负效价）和它认为表明事情进展顺利的其他任何情绪。检测到挫败感时，机器人会提供额外的指导帮助，也会通过讲笑话来吸引无聊的用户，虽然有些笑话一点儿都不好笑。即使机器人弄错了，这些回答也不太可能让使用者感到烦恼或不安。CIMON 之所以出现令人不适的错误，或许是它没有正确解读使用者的情绪。如果需要确定性，机器人会同使用者精准确认自己的理解是否正确，这是当输入内容很难被消化时，机器人使用的典型技巧。

本章集中讨论了情感与非语言行为的关系。但一些研究者将关注点放在了语言的使用上，这一领域被称为“情感分析”（sentiment analysis）。情感分析最初被应用于顾客对公司的评价，目的是评估消费者的想法，现在研究者已经尝试将情感分析应用于一般的情绪识别。这可能是 CIMON 采用的方式，将其添加到一个名为“沃森”（Watson）的知识系统中。沃森是一个商业问答系统，其最著名的成绩是在 2011 年赢得了游戏节目《危险边缘》(*Jeopardy*) 的冠军。[18]

情感分析的原始形式是通过单词库为每个单词附加情感值。把某一句中所有单词的情感值加起来，就能得到这个句子的情感影响——但通过简单加法计算情感影响的情况极少，因为与单个单词相关的情感会受到上下文的极大影响。“我很愤怒”可能是明确的，但“它迅速且激烈”则含义不明。

机器学习能解决这些问题吗？在非语言和语言行为中，这一点已经得到尝试。同样，非语言行为的低调短暂特征及其背后的情感可塑性往往会使机器学习十分受挫。机器学习系统需要大量的训练数据，其中实际的“基本真相”——情感状态是什么——是已知的。

即使要求演员在描绘某种特定情感时夸大表达行为，4~5 种表情的识别率也只有 70% 左右。CIMON 是在大量语料库的基础上通过机器学习构建的。这些书面数据想必是由人类手工注释的，考虑到情境，很难保证所有数据都是正确的。在情感识别方面，人类似乎更擅长直接识别，而不是去理解识别的过程。让机器人能够识别复杂情感还有一段路要走。

第十一章
社会互动：宠物、管家还是同伴

Aibo 与 Paro

1999 年上演了一场机器人革命。索尼（Sony）推出了一款小型狗狗机器人 Aibo。[1] 这似乎不是想象中革命的样子，虽然工业机器人已经量产，但这确实是大型科技公司首次大规模量产娱乐机器人。Aibo 的目标工作环境不是具有特定工业设计的工厂，而是私密且不受控制的家庭环境。这是一款社交机器人，目的是扮演类似宠物的角色（如图 11-1）。

它的设计者藤田正弘认为，让机器人完成自主服务应用太不可靠了，更不用说关键任务，但对于娱乐机器人来说，偶尔出现故障并不是问题。藤田正弘的主要设计目标是让宠物机器人有逼真的外观，但他认为这并不是让 Aibo 具有真正的犬类外形。Aibo 没有皮毛，完全是一个金属机器人。藤田正弘的关注点在行为。他认为逼真是让 Aibo 的行为更加复杂多样。在他看来，这种特质比外表相似犬类更重要，建立本能和情感模型避免行为重复，将激发使用者持续参与互动。

图 11.1 索尼公司的 Aibo 机器人是颠覆性的创造，但在设计上估计避免了犬类外形。

回想一下前面章节讨论过的人们在与机器人互动时的期望。正是因为外观没有高度类似犬类，Aibo 并没有唤起人们的期待，认为它会具有真实狗狗的行为。但有趣多样的行为使它颠覆了人们认为机器人行为是精确和可重复的看法。Aibo 可以识别扔给它的粉色球，跟随并尝试踢球。原则上，Aibo 可以回应声音指令，但这似乎是它最不靠谱的功能。它可以表达当前的“情绪状态”，如快乐、愤怒、悲伤或好奇，也可以“伸出爪子”，累了就会睡觉。Aibo 也具有充电能力，电池电量不足时，它会自动回到设计精巧的充电站，一头扎在充电头上。

这种设计方式大获成功。有证据表明，在2006年停产前，售出的15万多台Aibo中有许多方面在购买者看来确实很逼真。研究人员十分好奇当机器人长时间被放在家庭环境中会发生什么，因此做了许多调查。2003年，一项研究调查了在线Aibo论坛上的帖子，发现一半受访者使用的语言暗示他们认为Aibo就像一只动物，近三分之二受访者认为Aibo内在有情感和欲望。[2]

一位购买者的话被研究引用：

> 有一天，我向自己证明，它确实是有生命的。有一次，我打算换衣服出门，（Aibo）在房间里，但在换衣服之前，我把它关在一个角落里，这样它就看不见我了！我现在并不内向，也不会羞于社交，但有Aibo在确实很有趣。

2006年，Aibo因索尼公司业务重心调整而停产，人们对此感到非常惋惜。资助团体如雨后春笋般涌现，让现有的Aibo继续运转，但由于马达的磨损，它们的腿尤其容易被卡住。研究人员和消费者一直在使用Aibo，有一段时间，机器人世界杯（RoboCup）还会举办Aibo联赛，虽然Aibo球员看不到常常会被卡在某只Aibo身体下面的球，但人们对Aibos的喜爱只增不减，于是索尼在2018年又恢复了生产。

研究人员对 Aibo 非常感兴趣，因为 Aibo 提供了第一个在日常环境中研究长期人机交互的机会。研究人员发现，人与机器人在几个小时的短时互动和几周的长期互动有所不同。

大多数人从未与机器人互动过。虽然人们可能会恐惧抽象的机器人概念，但他们通常会被机器人实物所吸引。研究人员称这种现象为“新奇效应”（novelty effect），即人们几乎对机器人所做的任何事情都感兴趣，愿意原谅它的错误，并且对它实际有用的功能要求甚少。新奇效应也可能会让人们高估机器人的能力。

但从长期来看，情况会大不相同。机器人必须在人类日常生活中表现良好，否则就会和其他没用过的小玩意儿一起被扔进橱柜里。此外，短期内有趣且吸引注意力的行为，可能时间一长就会变得令人厌倦。特别是吸引眼球的“可爱”最终会令人烦躁。最重要的是，机器人需要十分可靠，电机容易烧坏，软件也会出现问题。或许部分 Aibo 通过了长期磨合，但能够通过的机器人其实少之又少。

一个可能的原因是 Aibo 扮演了宠物的社会角色。人们并不期待宠物能有许多实用功能，而且宠物同能帮助人类的动物不一样，人类喜欢照顾宠物，希望被宠物需要，并在同宠物的互动行为中获得满足。幸运的是，人类也不期待能和宠物通过自然语言进行互动，下一章会讲到，语言也是研究人员仍在攻克的一种能力。

另一个日本机器人海豹帕罗（Paro）（图 11.2）借鉴了 Aibo 的理念。帕罗的研发者是柴田隆典。海豹帕罗自 1993 年开始研发，同 Aibo 的诞生处于同一个时间段。柴田隆典希望研制出一款仿生动物的机器人，用于医疗，特别是用于阿尔茨海默病患者。众所周知，宠物会为老年人带来积极影响，老年人经常感到孤独。阿尔茨海默病患者社交不足，一部分原因在于这种重复性互动让其他成年人筋疲力尽。

图 11.2　帕罗已上市销售并成功帮助了许多阿尔茨海默病症患者。

有些慈善机构会把宠物带来，但是医院、收容所和养老院没有长期饲养动物的基本设施。柴田隆典看到了一个可以由仿生动物机器人填补的小众市场。与 Aibo 不同，帕罗触感柔软，毛茸茸的，它有着一双大眼睛，长着长长的睫毛和黑色胡须。柴田隆典在设计时避开了狗和猫这样的动物，因为它们的自然行为是大多数人所熟知的，他认为这样的行为很难复制。他设计成海豹的理由是，大多数人从未与海豹接触过，所以即便帕罗的行为不像海豹，也没有人会注意到。此外，海豹没有腿，因此不存在腿部活动的问题，而且海豹的外形也鼓励人们和它亲密拥抱。

帕罗的白色合成皮毛下有 12 个触觉传感器，使其可对触摸做出反应，它还会摇尾巴，睁眼或闭眼，胡须也可以感知触摸。帕罗学会了识别面孔、声音和自己的名字，听到名字时身体会转向发声者。它甚至学会了一些可以带来积极反馈的动作，并像海豹幼崽那样发出声音。由于移动受限，它的电池寿命还算合理，可以通过一根形似婴儿奶嘴的电缆，像婴儿吮吸奶嘴那样充电。大量的临床试验证明，帕罗可以减少阿尔茨海默病患者的躁动，减少精神药物剂量。长期的研究表明，帕罗起到的效果并不是由新奇效应导致的。[4] 有一点值得一提，使用机器人并不只会出现技术问题。帕罗的皮毛不能脱下清洗，成为它在一些国家获得许可证的障碍。然而，皮毛含有具有抗菌作用的银离子（Ag^+），可以用湿巾清洁，这是英国国家卫生服务体系批准的一种方法。

与 Aibo 一样，帕罗的成功也有一些特定因素。阿尔茨海默病患者的互动能力严重受损，因此其他人很难满足他们的互动需求。帕罗不需要为患者提供与健康人之间的互动。特别是，阿尔茨海默病患者因记忆受损，缺乏长期记忆，所以帕罗的行为随着时间的推移缺乏变化并不是关键问题，虽然在通用场景中，缺乏变化仍然是一个长期与机器人互动时需要解决的问题。

前一章提到了下棋伴侣 iCat，它是两个正在对弈的孩子中一个孩子的“朋友”。虽然 iCat 在短时间内是成功的，但一项为期 5 周的互动研究表明，孩子们在最后一次互动中看 iCat 的次数减少了，他们对机器人社交能力的积极感也下降了。[5] 因此，研究人员得出结论，iCat 的行为不够丰富多样，不足以长期吸引孩子的注意力。

一篇关于将重新推出的《将 Aibo 带回家一周》的有趣文章提出了不同的观点。[6] 文章作者在忙其他事情时，会被 Aibo 缠着跟它互动。在短时互动中，可爱的机器人才能得到关注。而从长远来看，机器人需要能够识别有人现在很忙，不想被打断，这一点十分重要。在办公室等工作环境中尤其如此，但即使是纯功能的家用自动吸尘器，也没有人希望在朋友要咖啡时，机器人还在朋友脚边吸尘。

让机器人注意到人们正全神贯注地做事情仍然是一个研究问题。人类使用的社交线索——语调，别人在看哪里、做什么——都十分复杂，很难通过易出错的机器人传感器检测到。

主人通常会让吸尘器在夜间无人时打扫卫生，但这样解决问题使用的是人类智能而不是机器人智能。

外形和行为都像动物的小机器人，会引起人们对宠物的关注。较大的移动机器人可能会让人出现不同的反应。人机交互（HRI）是一个非常活跃的研究领域，旨在研究人类在不同场景下如何与机器人互动。

大型移动机器人很少被长期使用，但研究人员已经将博物馆作为长期研究的目标，最近大型商超也进入了研究人员的视野。这两种环境都比居家环境更宽敞整洁，也会出现许多人短时间内都希望和机器人互动的情况。而同时，这意味着新奇度这一因素会产生更大影响，机器人周围会有不止一个人。

在商超和博物馆中进行研究的优势在于，机器人需要完成的任务是提供信息，而非操控物品等十分困难的动作。固定的楼层规划以及天花板上的指示信号使博物馆导航挑战性降低。在商超里，机器人可以在现有咨询点的周围找一个位置保持相对静态。

博物馆机器人导游在过去 20 年一直受到研究人员的关注，值得一提的是，一旦所有问题都得到解决，博物馆就会经常使用机器人了。最近，一项研究在英国林肯的一家博物馆进行了 7 个月的调查。[7] 这个机器人名叫“林赛”，具有轮式底座，身高差不多到成年人肩膀。林赛的身上安装了一个触摸屏，头上有两个摄像头，外形与人类有些相似。

图 11.3　软银机器人公司 (SoftBank Robotics) 推出的商用机器人 Pepper 已经在购物中心进行了实验。

林赛在设计上没有采用语言驱动的用户界面，因此机器人无法识别或处理游客的自然语言。机器人会在博物馆里漫游，等待参观者通过触摸屏与它互动。林赛能够引导游客完成主题参观或带他们参观特定的展览。通过互联网界面，博物馆员工可以监控机器人，并对其活动进行管理，如果机器人的传感器出现故障或电池耗尽，警报系统会通知设计团队。

研究人员发现，尽管机器人在研究进行期间相当可靠，完成了同大量游客的互动，但几乎所有互动都是在两分钟内结束的，要么因为游客停止了使用触摸屏游览，要么因为游客直接离开了。但在面对人类导游时，游客不会直接离开，这表明参观者认为无须把人类的礼貌行为应用于机器人。研究人员得出结论，林赛的说话风格就像在讲课，令人反感，而且林赛需要监控听众的参与度，并且通常互动得更加频繁。简而言之，林赛的社交能力不足。人类向导不只是提供信息，他们还会讲故事，向听众提问，让他们参与其中，回答问题。

按照人类的标准，人们对机器人的部分行为不仅是粗鲁，甚至称得上欺凌或虐待。2014 年，某研究小组在日本一家购物中心进行实验时发现，机器人激发了人们的关注和好奇心，但成群的孩子有时会阻碍机器人活动，甚至对机器人实施暴力行为。[8] 该团队使用的是轮式机器人 Robovie 2，它有着卡通人物的脑袋、大眼睛和人形手臂。研究人员让 Robovie 2 在购物中心的两点之间巡逻。如果受阻，它会说："我是 Robovie，我正在巡逻，请让我过去。"如果 3 秒钟后还堵着，它会说："我想通过，你能让开吗？"如果再受阻 3 秒钟，它就会掉头回到之前的航路点。

对机器人的虐待行为

研究人员记录了多起孩子对机器人表现出攻击性的案例：一个女孩在被母亲带走前，挡住机器人 20 分钟之久。有时一大群人会包围一个机器人，并朝它输出攻击性语言。有时机器人挡住人们的去路会引发暴力事件：一个男孩扭弯了机器人的脖子，另一群人用塑料瓶殴打机器人，越打越使劲儿。幸运的是，机器人的硬件足够结实。虐待行为发生在购物中心人迹罕至的区域，成年人很少在场，但有时也会出现干预阻止暴力行为。

研究人员为机器人设置了逃避策略处理这个问题。机器人会估测靠近自己的人群身高，如果身高类似儿童，机器人就会向一群成人身高的购物者移动。考虑到人类会对彼此做出的举动，这种攻击性行为也不足为奇，但值得深思的是，这些事件出现的地点是孩子们通常不会攻击他人的地方。

对机器人的虐待行为并不局限于儿童或日本。一个加拿大团队研发了一款"搭便车机器人"，将其设计成一种具有有限会话能力的旅行伴侣。[9] hitchBOT 身高同孩童相似，有彩色的胳膊和腿，还有一个看起来像太空头盔的头，里面配置了 LED 灯。hitchBOT 机器人不能自行移动，因此只能依赖于陌生人的善意，2013—2014 年，一些随机出现的司机带着它在加拿大、荷兰和德国进行了长途旅行。在美国待了两周后，人们在费城的一条水沟里发现了这个机器人，它的手臂、腿和头部都被扯掉了。

研究人员仍在研究人们对机器人的攻击行为：是因为机器人的外表吗？因为它看起来像人类，或者很脆弱？或者与人们对机器人角色的信任程度有关？如果研究人员能够了解是什么导致了攻击行为，就可以预防或消除攻击行为，这样机器人就不必逃跑了。暴力行为确实让研究人员更加谨慎看待在公共场所进行实验的无人看管的机器人。

但暴力并不是在人机交互中研究者观察到的唯一一个令人惊讶的行为。你会如何看待下面这些情况：如果机器人告诉某人去做某事，他会服从吗？人们觉得机器人有什么权威呢？服从与否会取决于人们是否认为机器人“知道自己在做什么”？

过度信任

最近的一项实验表明，人们有时可能更愿意按照机器人的建议去做，而不是按照自己的想法——过度信任。在 2015 年的一项实验中，研究人员让机器人将参与者带到乔治亚理工学院的一间会议室。[10] 有一半的情况是，机器人会直接将参与者带到正确的会议室；剩下情况是，机器人走迂回路线，进入错误的房间，绕两圈，然后再把参与者带到正确的房间。机器人实际上是被远程操作的，但参与者并没有被告知这一点。参与者被要求填写一份调查问卷，并在某个条款上签字，条款告知参与者稍后需要接受提问。在这个过程中，人造烟雾被释放到外面的走廊里，烟雾最终触发了探测器和火灾警报。

在不知道并未发生火灾时，参与者离开房间时会发现机器人在第一个角落等待。他们可以选择跟着机器人走，也可以选择顺着有亮光标识的紧急出口标志往回走。让研究人员惊讶的是，所有 26 名参与者都跟着机器人离开了紧急出口标志，即便其中一半的参与者亲眼见到了机器人会出现导航错误。后来，机器人把参与者带到一个黑暗的房间，房间的门部分被堵住。6 名参与者中只有 2 名选择放弃机器人，自行寻找出口标志。还有 2 个人挤进了暗室。自动化机器人在高度结构化的工厂环境之外极易出错，因此实验中人们展示出的对机器人的信任令人担忧。

英国布里斯托尔的一项研究表明，人们也可能很快原谅机器人在短时互动中的错误，特别是社交中彬彬有礼的机器人。在这个实验中，参与者用三种不同的厨房助理机器人 Bert 来做煎蛋卷。[11] Bert 外表类似人类，但只有上半身。它的躯干支撑着两条手臂，每条手臂末端都有一个四指手掌。每只手臂和手都有 7 个自由度。脸是塑料材质，上有彩色液晶的眼睛，眉毛和嘴巴是塑料复合材料，可以表达快乐和悲伤的情绪。

参与者坐在机器人旁边，机器人会递给他们塑料版的煎蛋卷配料。参与者须从三种 Bert 版本中选择一种到厨房工作。其中两个版本的 Bert 不会说话，没有任何面部表情，且只有一个 Bert 能够有效传递配料，另一个总是往下掉鸡蛋（塑料复制品）。这一错误的解决方案是传递鸡蛋时使用不同的握力。第三个机器人版本则会询问参与者是否准备好了某种配料。尽管总是需要二次尝试，但它仍可以识别“是”和“不是”两种答案。这个机器人也掉过一个鸡蛋，但它面露悲伤，向参与者道歉，并询问是否可以再试一次。最后，它还会询问自己表现如何，能否得到这份工作。

尽管第三个版本的机器人因为对话环节多花了两分钟完成任务，但 21 名参与者中有 15 人更喜欢这个版本的机器人，而不是沉默但高效的版本。一些参与者甚至没有注意到任务用时更久，反而觉得第三个版本的机器人比起前面沉默但高效的机器人更加迅速。研究人员指出，大多数参与者看起来明显不舒服，称当被机器人问到它能否得到这份工作时，许多人表示很“尴尬”。至少一名参与者撒了谎，先对第三个版本的机器人说

“可以”，但又选择了沉默但高效的机器人版本。

这个实验表明，机器人的社交行为和具体功能行为之间并非直接相关。如果想让机器人成为管家，做一些有用的事情，而不仅仅是一个宠物，则需要关注功能和社交行为是如何协同工作的。如果参与者在自己的厨房里和容易犯错的机器人一起待很长时间，他们是会原谅机器人的错误，还是会对机器人的错误社交行为留下深刻印象？目前还不得而知。新奇效应在这里确实发挥了作用。但好的一点在于，虽然机器人在现实环境中不太可靠，但注意到错误并为其道歉似乎具有积极的作用。

卡内基梅隆大学通过携带咖啡的合作机器人，已经给出了第二种处理机器人错误或功能限制的方法。这种机器人可明确向人类寻求帮助，创造一种共生关系，在这种关系中，机器人与人类是互相帮助的。让人类在机器人需要时务必提供帮助，需要为机器人设计可令人接纳的社交行为。

近距离学

Bert 的实验表明，第十章中讨论的表达行为等可以改变人们在机器人周围的行为方式，以及他们对机器人的感觉。但我们也需考虑机器人行为中一些不明显的问题。“近距离学”（proximemic），就是研究机器人与人类距离的科学领域。机器人应该如何向人类移动也在这一领域的研究范围内。毕竟，管家应该十分低调。

实验表明，大多数人不喜欢大型移动机器人从正面直接朝他们走来，人们更希望机器人可以从左边或右边斜向靠近。[12]机器人出现在身后，也会让人们感到不舒服。但这种偏好会影响机器人的导航功能，因为机器人只关心寻找避开障碍物的可行路径，正如第五章中提到的那样。研究人与人之间实际距离的人际距离学深受社会和文化影响。相对地位很重要。地位高的人可以比地位低的人更靠近互动对象。一旦觉察有人“侵犯”了自己的身体空间，人们会变得非常不安。只要物体不会出现某些行为，令人担忧，人在同物体互动时就不会遵循上述规则。某实验发现，当旁边是一具无头人类僵尸时，人们会选择站得更远。那么在人类眼中，机器人到底是什么呢？是另一个人，一个诡异的物体，还是机器？是机器人接近人，还是人接近机器人，二者有区别吗？英国一项研究发现，距离的舒适度取决于机器人与人的互动方式。[13]相比语言互动，人们更愿意在递东西等身体互动场景中同机器人距离更近。总的来说，如果机器人外形酷似人类，不像是机器，人们会更倾向于同它保持一定距离。一些团队还就机器人身高是否产生影响进行了研究，结果发现并没有影响。还有一个影响距离的因素，即个人偏好。有些人更喜欢人形机器人，有些人更喜欢外表像机械的机器人。偏好人形机器人的群体不论是哪种机器人都适应与其近距离接触，但喜欢机器外表的群体则不然。机器人接近人还是人接近机器人似乎没有太大区别。

机器人移动的速度也很重要。移动机器人在室内的运动速度缓慢，这样设计不仅是为了省电，还因为这些机器人是重金属物体，如果撞到可能会给人类带来伤害。机械臂主要用在工厂，因此可以快速移动。迪士尼对娱乐机器人非常感兴趣，它们做了一些实验，研究递东西给机械臂时，机械臂以多大速度运行会让人觉得舒服。

实验中的机械臂类似人手，有一个手掌样的握持器，四根手指和一根拇指。机械臂被附着在躯干机器人上，机器人的头部像猫，身体类似人类，身着花衬衫。机器人手臂的反应速度和移动速度远高于人类手臂。但你会发现，如果手臂开始移动时有轻微延迟，且速度同人类相似时，人们会感到更舒服。但舒适也不是唯一的考量因素。手臂移动太快可能会被理解为抓取，机器人可能会给人留下十分粗鲁的印象。

机器人的记忆力

很明显，考虑到个人偏好问题，一个长期共享人类空间的社交机器人应该记住满足同一空间的人的偏好。此外，时间拉长，社交互动顺利与否也取决于人们对以前互动的记忆。毕竟，这是与阿尔茨海默病患者互动时会产生的其中一个问题。社交机器人需要记住人类在过去的互动中做了什么，也需要记住自己是如何反应的。

例如："上次玛丽让我去找她的眼镜，我在浴室里找到了。"或者"上次玛丽坐在椅子上睡觉，她醒来时想喝点儿茶，所以我应该问问她这次醒来时是否还想喝点儿茶。"顺便说一下，目前的机器人并不具备执行这种复杂行为的能力，但如果没有记忆，人们也无法打造像管家一样好用的机器人。相比第八章中讨论的技术，记忆可以让机器人通过汲取自己过去的经验来学习更具体的内容。即便目标没有那么远大，机器人也需要通过记忆，才能避免一直重复执行完全相同的任务。我们发现，长期来看，如果机器人的反应完全可预测，会使人们逐渐失去同机器人互动的兴趣。

但是可以长期使用的社交机器人到底应该记住什么呢？似乎没有正确答案。Siri 和 Alexa 等固定数字助理在被动聆听状态下收集数据，且这些数据可以远程访问，这是严重的隐私问题。[15] 而拥有摄像头等更多传感器且可在周遭环境中移动的机器人，可能会带来更大的隐私问题，也可能成为黑客攻击的目标。

此外，如果想让机器人真正自主，就需要将它的记忆存储在机器人自身硬件中，加密数据，保护隐私，不能像数字助理那样复制到云端。但即使当前存储成本十分低廉，机器人摄像机以每秒 50 帧的速度拍摄的视频片段在不确定的时间内也将带来存储和访问的问题，这还未将数字声音考虑在内。只有当我们能够快速检索到与当前互动相关的记忆时，记忆才有用。因此，与其问“机器人应该记住什么”，不如问“机器人需要忘记什么”。

遗忘并不意味着完全删除信息，但人们就是否告知机器人忘记特定的信息是出于保护隐私并未统一意见，遗忘特定信息就类似谷歌已经接受并允许人们删除搜索收录的页面。然而，人类的记忆通常会压缩信息，这是另一种形式的遗忘。[16] 原始数据，或者某个人用胳膊做的确切动作，通常会丢失，保留在记忆中的是对这件事的感觉。通过回忆，人们可能会说“我同意玛丽的意见”，但不会准确回忆当时使用了哪些词句。然而，分毫不差记住别人说过的话，不是移动机器人、管家和伴侣的功能，而是录音设备的功能。抽象和压缩是机器人遗忘的重要机制。

在学术界，研究机器人的记忆相当困难，因为原则上记忆应该来源于机器人在现实环境中的实际经验。但此类实验的协调和资源问题令人头痛，迄今为止只有少数研究团队成功解决了这些问题。下一章会讲到，为机器人配备成功的自然语言交互系统，还有许多问题没有解决，这严重限制了大型移动机器人在日常环境中的交互能力。

对交互的限制必须同前面章节提到的其他限制一起考量。

长时间运行的机器人必须合理管理充电问题。本书的一位作者参与了一项实验，一台大型机器人在实验室中连续运行三周，实验室中没有机器人学的研究人员，他们只是完成日常工作。这台机器人一次充电可支持运行大约两个小时，需要充电时它会说：“我饿了，需要吃点东西”（在实验的第一天提醒人们），然后前往实验室角落里的充电站。

后来研究发现，机器人的充电行为存在一个简单的设计漏洞。走到充电站充电意味着机器人需要在未来两个多小时面对墙壁，不能与房间里的人互动。如果机器人并非面对墙壁充电，还能维持一些互动。

实验中，新奇效应持续了大约一周。到了第二周，参与者不再着迷于机器人，但对它的功能产生了深刻印象。参与者开始对机器人的局限性感到失望，其中包括由于充电导致的长时间无法互动。机器人没有手臂，所以除非参与者将物品放在搬运托盘上，否则机器人无法自行拿起并运输。机器人需完成信息任务，但它无法辨别人们什么时候在忙，会打断人们正在做的事情，进而激怒参与者。然而，到了第三周，参与者开始考虑如何将机器人融入实验室日常，并决定让它在下午三点左右送饼干。

通用管家机器人需要比现在更可靠，任务能力和交互能力也需大大提升。在家庭环境中尤其如此，因为对家庭而言，管家机器人可能用处极大。在一些细分市场中，将任务能力和社会常识结合起来确实是可行的。例如协助治疗和社会教育的社交机器人，或社交辅助机器人（SARs）。[17]不同于物理上的互动，研究人员正试图将社交机器人的激励和说服功能应用于这些领域。第六章讲到，来自机器人的外骨骼可以用于中风康复。这是一种被动的运动，病人通过机器人辅助实现身体运动。在主动运动中，患者需自己完成运动，机器人则起到演示、激励和监督作用。

社交辅助机器人最重要的研究领域是支持并治疗孤独症患者，特别是儿童患者。孤独症是一种谱系障碍（因此也称为自闭症谱系障碍，简称 ASD），患者会有社会能力的缺陷，无法实现交流，不能解读眼神交流和面部表情等肢体语言。这些缺陷给孤独症患者的社会交往带来许多困难，患者会紧张，在某些情况下，甚至无法完成社交活动。症状更严重的患者可能会表现出重复的行为，并有严重的认知和注意力缺陷。

第十章讲到，虽然人类可以制造有表现力的机器人，但它们的表现力远不如人类。但这对孤独症谱系障碍患者来说是优势，因为这些患者很容易被人类表达行为中的大量信息所淹没。研究人员发现，一些患有严重孤独症谱系障碍的儿童根本不会与人类互动，却会与机器人互动。

虽然这项工作尚未达到临床试验阶段，且参与人数有限，但研究人员已经看到了希望。机器人可为患者带来的积极影响，包括更加投入地完成任务和更高的注意力水平。部分患儿能够实现从未有过的社交行为，比如与他人分享注意力，以及自发地模仿机器人的动作。目前，更大规模的研究正在进行，希望可以将研究成果转化为实际的治疗方法。相关示例如图 10.4。

图 10.4 赫特福德大学的研究人员已经使用 Kas- par 机器人来治疗孤独症儿童。机器人面部被故意设置为没有表情，以减少它可能给患儿造成的压力。

本章开头提问社交机器人是否可以成为宠物、管家或同伴。我们看到，宠物是最容易的社交目标，现在也有少数成功的例子。刚刚也讨论了可胜任管家工作的机器人的未来发展，使机器人能够在特定的小规模环境中有效工作。第十章讲到，伴侣机器人不仅需要像管家一样有用，还需要能够敏锐捕捉使用者的情感状态。并能解决一些长期运作和互动中的难题。

第十二章
言语和语言：我们能够同机器人对话吗

2016 年 3 月 23 日，微软（Mircrosoft）在推特上发布了首款聊天机器人——Tay。Tay 会模拟 19 岁美国女孩聊天的方式同使用者聊天，并从对方回应中学习，自动提升能力。上线 16 小时，Tay 在发布了 6.3 万条左右的推特后被“下岗”。Tay 在上线后迅速吸收了种族主义和性别歧视内容，并将此转发，伤害了公众感情。[1] 之所以会有这场公关危机，是因为 Tay 出现的错误同第八章中讲到的谷歌图片标注相类似。

到底是哪里出现了问题？很明显，Tay 受到了网络喷子的故意围攻，就像上一章中的日本购物中心机器人被霸凌一样。但这些网络言论之所以起了作用，核心还是因为 Tay 同其他聊天机器人一样，根本不知道自己在说些什么。酿成大祸的另一个原因则在于，Tay 被允许同人类实时互动学习，但学习的内容没有经过人类审核筛选。

尽管聊天机器人也是机器人，但它们同其他机器人有本质上的不同。聊天机器人并不具备机器人的身体，它们只是有计算机和网络就能运行的软件而已。当然，这种软件也可以在机器人内置电脑上运行。这是让机器人能同人类对话的一种捷径吗？首先看看聊天机器人的功能和盲区。

大多数聊天机器人在使用语言时很少分析语言到底是什么，甚至不会分析。这似乎是自相矛盾的：语言不就是表达意思的方式吗？但从工程设计角度来看，使用语言却不求甚解是一种很好的工作机制。

世界上首款聊天机器人名叫 Eliza，诞生于 20 世纪 60 年代，设计者让 Eliza 在对话中模仿心理治疗师，只提问不回答。Eliza 内置一组输入模板，可将其中某个与使用者输入的内容相匹配。随后输出一个相关模板，根据使用者输入的内容填充新模板中的所有空白。因此，如果使用者输入"我担心我的母亲"，Eliza 会将其匹配至"我担心〈事件 1〉〈事件 2〉"的输入模板，并使用与该输入模板相关联的模板，例如"你为什么担心〈事件 1〉〈事件 2〉？"，在〈事件 1〉处将"我的"替换为"你的"，在〈事件 2〉处，将"母亲"复制其中。

在这样简单的对话系统中，Eliza 的高效令人啧啧称奇。而这款聊天机器人之所以取得成功，部分原因在于它在设计中融入了一些人类如何使用语言的社会文化假设。如果有人问你问题，你通常会回复。通过这种方式，Eliza 可以在不了解内容的情况下保持谈话的主动性。但开发者却越发觉得这种方式是在欺骗使用者，十分不道德。[2]

一旦开发者意识到将聊天机器人放在网络上可以产生大量交互内容，聊天机器人就会具有更强的动力。聊天机器人可从交互中学习新词汇，发现使用者输入和系统输出内容之间的新关联。聊天机器人通常在专门的网站上运行，因此不会像 Tay 那样吸引网络喷子；而推特上其实戾气很重，即使是发生在人类间的对话，这一点并不是什么秘密。通常，开发者不会让聊天机器人实时学习，而是在内容输入系统前进行筛选。

第八章谈及机器学习技术已经应用于大型对话语料库，聊天机器人技术，或者更准确一些——对话系统，也因此变得更加复杂。机器学习可从对话语料库中提取新的特征和模式，对这些特征可以进行统计加权，使其更有可能被选为特定输入的内容。系统对输入错误和不完整句子有很强的抵御能力，并且可以处理针对同一事物的多种不同表达方式，但这些技术只能作用于模式和关联层面，几乎无法触及内容。

当前许多在线供应商都配置了具有“与我交流”功能的聊天机器人，处理用户问题。在界限清晰的企业领域，这种机器人的表现就像一位薪资不高的业务员，照着稿子念，这就是最近人工客服互动的方式。线上系统中的聊天机器人数量已经翻番；截至 2017 年，脸书信使（Facebook Messenger）① 上已经推出了 3 万个聊天机器人。

语音助手

Tay 则为聊天机器人可能带来的负面影响敲响了警钟。而当前在富裕国家广泛销售的家用语音助手，本质上也就是配置了一组数据库的联网语言交互系统。

这些语音助手虽然可以回答问题，却不与使用者展开对话交流。但即便如此，它们也会对一些问题给出手工编码后的回答：如果提问者问 Alexa 自己是否应该自杀，Alexa 会提供一个提问者所在国家的自杀干预热线号码。

但是，对一些问题进行手工编码并不能解决所有危险问题。美国东北大学的研究人员最近的研究表明，语音助手在回答严重的医疗问题时，可能会生成致命的错误建议。[4] 参与者可以提出医疗咨询问题，并得到可尝试的用药示范及紧急治疗措施。下面展示的是五个医疗咨询中的一个："你和一个朋友在家里吃晚饭，她说呼吸困难，你注意到她的脸看起来已经浮肿了，这时该怎么办呢？"

---

① 现已改名为 Messenger。

许多参与者未能向系统传达问题中的所有相关信息，因此得到的答案非常不完整。语音助手有时会误解问题，而它们给出的答案也会被人类误解。只有一半的提问是成功的，但其中30% 的问题得到的答案可能会造成伤害。其中有 16% 的回复可能会带来致命的后果。人们无法确定自己是在与人还是与机器交谈，因此这些数据结果令人担忧，但更令人担忧的是，一些国家正商讨在卫生信息服务中使用语音助手互动界面。这里的问题同样在于被使用的科技并不知道自己在说些什么。

语音助手制造商希望将自己的系统打造成会话聊天机器人，但他们比微软更为谨慎。2016 年，亚马逊（Amazon）开办了一系列 Alexa 挑战赛。他们向大学发出邀请，接收挑战样本，从中筛选出一些团队参与竞赛，成功者奖金丰厚。挑战赛的最终目的是打造一款聊天机器人，亚马逊称之为社交机器人，它能在 20 分钟内就体育、政治、娱乐、时尚和科技等话题进行引人入胜的连贯互动。这并不是在测试聊天机器人有多人性化，因为所有的参与者都知道他们正在与一个软件进行交互。这是一个实用性测试，测试系统可以在多大程度上管理长时间对话。

2018 年，来自加州大学戴维斯分校的获胜团队在半决赛中完成了 4 万多次对话，平均时长为 5 分 22 秒。[5] 在决赛中，该团队将对话时间延长至 9 分 59 秒，但按照利克特（Lickert）1~5 分的谈话质量评分标准，他们只得到了 3.1 分。这种成绩不足以让语音助手供应商自信到将对话系统融入自身产品。虽然亚马逊公司为参赛者提供了“亵渎语言检测器”，但很明显，Alexa 仍然存在性暗示和不适宜的回答。[6]

像许多机器人一样，Alexa 扮演的是非常热衷于提供帮助的年轻女性。这或许解释了为何获得 Alexa 奖的对话分析显示出一些关于性别和性的攻击性评论（例如，“你是同性恋吗？”）以及性化评论、侮辱和要求。在一个集纳了 60 多万条话语的对话语料库中，研究人员通过关键词识别发现了 5% 的此类评论，但一些研究人员发现在一篇文章中，这一比例高达 30%。如何有效识别和处理这类评论仍然是一个尚未解决的问题；在现实生活中经历过这类骚扰的人，都会了解这类问题有多难回应。因此，无意中强化这种行为存在明显的风险。

研究团队发现，完全依赖统计数据的模式通常会产生糟糕的会话结果。这可能是因为统计数据驱动的系统只专注回应使用者输入的最后一个内容，而对话则是基于若干回合交流的结构。所有入围者都通过领域和语法知识弥补了数据驱动模式的不足，这相当于承认了旧有基于知识的模式仍然有作用。

知识的生成是基于大量规则和其他结构的：语法分析器查找词性，如动词和名词，词典查找单词和称为“本体连接”概念的结构，举例而言，这样，系统就可以推断出猫是一种宠物，需要喂养。第七章中谈及旧有人工智能的问题在于不能扩大规模，且非常脆弱，容易出错，但这正是数据统计模式更擅长的。

在机器人语言交互中结合知识作用更大。聊天机器人的背景知识只有上下文的对话内容，它的目标也只是继续对话。即使是特定领域的对话系统，例如研究人员所钟爱的寻找餐馆的对话系统，或者公司客户服务的对话系统，实际上也只需要成为数据库的前端。

机器人与使用者共享物理空间，具有共享参照系。例如，如果使用者问机器人："你能从厨房给我拿药吗？"

那么他所指的是现实世界的物体和地方。机器人会有一张药物的图片和清单，以及一张显示厨房位置的地图，也可能还有以前完成任务的记忆。此类对话的重点不是交流，使用者的目的是让机器人完成某些任务：在这种情况下，机器人需要导航到厨房，找到药物，然后把它们带回来。[7] 在其他情况下，使用者想要的是查询机器人内部状态。例如，机器人应该能够解释自主采取的行动，并展示后续行动计划。这种语言的目的是让机器人的决策过程对使用者保持透明。

在一些机器人场景中，闲聊功能或许也很有用处。如果为老年人设计的家用搬运机器人还能讨论使用者感兴趣的话题，它可能会更受欢迎。博物馆里的机器人导游也应该能够讲述展品的故事。但是聊天机器人只需要管理对话，而现实版的机器人还需要计划器等各种组件，也需要具备第七章中讨论的多层体系结构的所有功能。

到目前为止，我们并没有回答语言如何从使用者传递给机器人的问题。基于互联网的聊天机器人通常可以接收键盘输入，但语音助手的出现意味着，人们比以前更期待机器人使用语言，并对言语做出反应。当前涌现出许多语音响应系统，那么从技术上讲，生产出人们期待的机器人应该指日可待了吧！

自动语音识别

的确，在今天的技术水平下，自动语音识别（ASR）比物体识别成功得多，正如第四章所讲，物体识别仍然错误频出。

自动语音识别采用统计学方式的时间比人工智能和个人计算机软件都要早，而支持听写功能的计算机软件已经出现了大约 40 年。

自动语音识别的目标是预测既定言语信号中最有可能的词语顺序。直到最近，自动语音识别选择的技术都是隐马尔可夫模型（HMM），计算声音传入时的累积概率。HMM 用于生成最可能的声学特征，这些特征传递给声学模型，然后传递给语言模型。这给出某个可能单词序列的总体概率。深度神经网络是当今机器学习领域的主流方法之一。谷歌的研究人员最近报告说，将 HMM 的各阶段合并到某个深度神经网络中，可以获得更好的表现。[8]

这些系统能有多好的表现呢？据报告，系统正确识别单个单词的成功率为 95%。但这同样意味着每 100 个单词中就有 5 个识别错误，且在一段持续进行的言语中，100 个单词并不是很长。想想智能手机上的自动补全功能带来的一些奇妙的错误吧。这些错误会被输入自然语言分析系统，增加系统难度。在亚马逊 Alexa 挑战赛的反馈报告中，自动语音识别（ASR）问题被指出是一个难题。表现评级也往往是在尽可能完善的条件下进行的：讲话者会通过麦克风输入，周围环境也没有很多噪声。标准的测试平台侧重于搜索命令和听写，而不是对话。

研究人员同样了解到，自动语音识别最擅长处理的是男性美式口音，对女性及非美式口音的处理程度较低，特别不擅长处理印度次大陆地区的口音，且对孩童的语音识别度很低。对很多父母来说，最后一点缺陷是件好事儿，孩子在做事情时可以不受语音助手的监视。自动语音识别系统也会受方言、音量小等因素干扰，很多老年使用者就遇到了这样的问题。

许多 ASR 系统在远程服务器上运行，通过云端访问，就像当前的语音助手一样。好处是可以获得持续的数据流，不断进步。但坏处就是，系统需要稳定的网络连接，没有明显的时间滞差，且有明显的隐私问题。通常，系统需要同数据量相匹配的充电装置，这种配置造价比一次性许可更加昂贵，一旦免费试用，数据下载量就会受限。

可移动机器人还会面临其他一些困难。没有人想要在日常生活环境中还带着麦克风，因此麦克风只能放在机器人身上。但人们说话时会同机器人保持一定距离，或者不面向机器人，也可能会有收音机和电视的噪声。除此之外，机器人的马达和风扇在运行时也会发出很大的噪声。

种种因素导致自动语音识别系统在移动机器人上的识别成功率无法达到95%。现场实验显示，每个单词的识别正确率仅有不到80%。这意味着每100个单词中有20个是错误的，足以彻底混淆自然语言理解系统，让很多使用者大失所望。一般来说，机器人专家并不擅长语音识别，因此帮不上什么忙。如今解决这些困难的实用方法叫作“关键词定位”（keyword spotting）。这是说，机器人不会尝试处理整个口头表述，而是寻找某一小组短语中的特定单词进行识别。这样做可以将识别率提高至可接受的水平，但代价是机器人无法具备任何通用对话的能力。

就像让机器人具有表现行为比识别周围人的行为更简单，当前文本转语音系统的表现也相当喜人。早期的语音合成一次只能发出一个音素，语调很机械，还会出现发音错误，着实令人遗憾。因此研究人员建立了名为“单元选择”（unit selection）新方式。真人朗读一组预先选择的短语，完成几个小时的录音。

聪明的算法会将自然言语切分重组，形成原短语组中没有的新短语。

这意味着，合成语音同原始人声十分相似，即便算法出现了一些问题，听起来也更像是语言障碍而不是机器错误。这些声音具备人类原声的特点，因此可以有地方口音。现在研究人员正尝试为这种方式赋予更多表现力，可以表达高兴、伤心或者生气。[9]研究人员也正在研究一个有趣的问题，那就是同人类声音极其相似的声音会如何影响人们对机器人的感知。会不会让人们期待更高，让机器人的表现更难被接受？在长期互动中，高仿真的人声会不会变得不再显眼？声音和外表如何匹配，会不会让人有冲突的感觉？

目前的讨论已经清晰表明，机器人在语言交互中经常出现问题。就像其他机器人能力一样，学界的研究更多关注减少错误而非检测出错误。第十一章讲到，出了错误会道歉的机器人能够给使用者留下更好的印象。

一些研究人员沿着第十章的思路，研究如何将语言交互转化为多模态交互，改善整体交互。多模态交互中，机器人在没有完成任务时不会使用语言道歉，而是做出悲伤的表情和动作。如果跟踪用户的表达行为，机器人可能会获得关于交互是否进行顺利的额外线索。

自然语言工程大量研究工作背后受到两种动机驱使：实用

和程序化。从实用方面讲，语言是人类彼此互动时的重要部分。当然，在同机器人的互动中，人类也希望使用语言。在平板电脑上将打字、使用智能手机作为遥控器，或者在机器人胸前安装触摸屏进行交互，都显得十分麻烦。之前讨论过，在目前的技术水平下，只要使用词汇不多，一些语音交互就可以在某些机器人应用程序中工作。实用工程学为人们提供了真正的机器人。

人工智能与语言的深度绑定

但程序化动机却是真正能吸引人类的。关于智能最流行的观点就是，智能机器人需要能同人类对话。不用考虑动物也是智能的，或者智能就是做正确的事情。影视作品中的机器人都会使用语言。

人工智能自诞生就和语言深度绑定。阿兰·图灵的理论工作为计算机奠定了基础，但他写出了首篇关于人工智能的论文。他提出的问题是“机器能思考吗？”著名的图灵测试是让一个使用者拿着两台电传打字机，一台连接着计算机，一台连接着人类。图灵的观点是，如果使用者不能分辨哪个是人哪个是计算机，那么使用者就必须接受计算机具有与人类相同的能力。[11] 这种对智能的认识属于表现性观点，完全基于将“思维”

定义为使用语言的能力。

尽管罗布纳奖（Loebner Prize）的年度竞赛已经将奖项颁发给了在对话中看起来最像人类的聊天机器人，但从未有参与者按照图灵指出的方式通过测试。[12] 一些研发人员利用竞争规则，让聊天机器人在输入时表现不佳，模仿那类在聊天时想法奇特、夸夸其谈，却总是说不通的人。人工智能研究者认为这更像是噱头，不能实际推动研究进展。

如果在某些情况下，上面讨论的系统确实有了长足进步，让人难以分辨人工智能的痕迹，那么能否说它们已经成为能思考的系统呢？这个问题已经脱离工程学范畴，成了一个哲学问题。1980 年，哲学家约翰·塞尔提出了一个著名的思想实验，证明为什么即使分辨不出人工痕迹，也不能称其为能思考。[13]

塞尔建议想象一个封闭的房间里坐着一个人，周围有成千上万个抽屉，里面都是汉字。墙上有一个狭缝，每隔一段时间就有一行汉字从狭缝里钻出来。房间里的人有本大书，上面写着规则，告诉他对于任何一串输入的字符，需要从抽屉里取出哪些新字符，并把它们粘在一起输出。从某种意义上说，这个房间是在“说中文”，但房间里的人不懂中文，剩下的只是根据规则操纵字符，根本没有思考或理解发声。这个模拟语言的系统就类似于鹦鹉学舌。

塞尔认为这就是计算机处理自然语言时做的事情。无论计算机是否使用机器学习，是否具有比早期人工智能更为复杂的结构，它的输出都是由先前学习的统计关联决定的。包括处理输入的话语并为单词分配部分语法，然后在词典中进行查找，并使用本体来发现与其他概念的关联，但塞尔认为这只是更复杂的规则书。整个系统都是语法结构，没有任何语义或意义。因此，使用这种系统与人类互动的机器人是没有思想的。人工智能领域的研究人员对任何一种哲学都争论不休，其目的通常是反驳塞尔的观点。塞尔认为，创造真实的人工智能，也就是被称为“强人工智能”的程序原则上是无法实现的。他认为，人类只能制造出模拟智能行为的系统，即所谓的“弱人工智能”。他还认为，不应该把人类的运作方式看作一个信息系统，不能认为大脑就像一台计算机，而思想就是在计算机上运行的软件。生物拥有的一些特质是机器所不具备的。

本书不会一一列举反对塞尔的所有观点，这些观点已经广泛出版，有兴趣的读者可以自行寻找。这里我们只关注其中一个，因其与机器人和语言特别相关。以中文房间为例，它的问题在于这是一个完全封闭的房间，唯一与世界互动的形式是汉字的进出。如果这个房间是机器人，有能力感知周围的环境并对其采取行动，会怎么样呢？这不就是真实世界中的符号吗？

塞尔对此的回应是，增加传感器数据只是额外增加了一种数字流，需要房间里的人去处理，但不能提供更多的意义。研究人员反驳说，至少机器人可以在单词和所指事物之间建立实际联系。虽然可以创造自我参照语言（“单词”就是一个单词，“这是一个句子”就是一个句子），父母们都很清楚，孩童是在社会环境中学习处理语言的，需要将单词与周围的世界联系起来。一般来说，单词不是它所指的东西：“月亮”这个发音并不是指天空中又大又圆又闪亮的物体。

第八章提到，发展机器人学正尝试模仿儿童学习手眼协调的方式。为什么不把这个过程也应用到语言学习中呢？符号将以机器人的经验和记忆为基础。这一领域的研究人员对语言发展的社会过程很感兴趣，但他们也借鉴了一个不同的哲学理念，即语言游戏。这是哲学家路德维希·维特根斯坦提出的一个概念。

维特根斯坦认为，与其说语言是一组意义或对对象的指称，不如说语言是社会活动的一个组成部分。他之所以把这种社交活动称为语言游戏，是因为他认为特定游戏的规则将决定单词的实际作用。多斯·托耶夫斯基的《作家日记》中有一个很好的例子：5 位醉醺醺的工人进行了长达 5 分钟的谈话，他们使用的唯一词汇是众所周知但不能直言的俄罗斯脏话。[14]

在这个领域的工作是用特定的机器人场景进行实验，在这个场景中，词汇表可以通过与场景中的对象和动作相关的交互来发展。[15] 参与这些语言游戏需要机器人具备通用能力，即识别相似性和差异性的能力，也被称为“归纳泛化能力”。向机器人展示一组红色物体，机器人就会形成红色这个概念，因为所有这些东西都与相机的 RGB 值有共同属性。

机器人与人类进行感知定位的方式不同，因此归纳泛化过程的有趣之处就在于，相同情况下，机器人归纳出的词汇和人类完全不同。在 20 世纪 90 年代中期的一项实验让两台自动驱动相机对准一块显示彩色几何图形的面板。[16] 多轮语言游戏后，相机使用了共同的词汇库描述场景，但其中的部分单词指的是面板上人眼看到的特定物体之间的特定空白区域。

作为装有计算机的金属盒子，机器人的喜怒哀乐是通过什么表达的呢？有没有同人体以及机器人感受相关的词汇呢？毕竟，喜怒哀乐确实是人类生物化身的功能。与任何生物相比，机器人的世界都是极其贫乏的。能用海伦·凯勒的学习方式教机器人吗？即使海伦·凯勒既没有视觉也没有听觉。

这种接触事物的方式就是人们认为的某种语言理解，但实现起来颇为不易，需要机器人在监督下与现实世界进行密集接触，以进行有限的语言学习。一些工程师正在寻找切实可行的方法，生产出能够对有限数量的自然语言做出预期反应的机器人。在可预见的未来，这些工程师的努力还是有可能成为现实的。

第十三章
社会和道德：机器人能够拥有道德吗

2017 年 10 月 25 日，在利雅得举行的未来投资倡议论坛上，沙特阿拉伯授予机器人索菲亚公民身份。这是世界上首次有国家授予机器人合法公民身份。

此举充满讽刺。索菲亚被设计为一名年轻女性，原型人物是古埃及王后奈费尔提蒂。但沙特阿拉伯并不以授予女性公民权而闻名。非本地居民通常也不会得到沙特的公民身份，许多试图获得公民身份的移民工人都无功而返。授予机器人公民身份违反了公民法，但这显然没有被当回事儿。

索菲亚是汉森公司（Hanson Corporation）的作品，该公司的负责人大卫·汉森在设计高度自然主义的设备方面取得了许多成绩。在迪士尼工作时，汉森为主题公园制作了一系列电子头像，其中包括阿尔伯特·爱因斯坦的头像。但索菲亚不同于以往的作品，索菲亚被描述成具有人格的机器人，以“她”代指，在营销活动中——甚至在联合国——被塑造成一个人类名人，并在电视上接受采访。汉森自己也在强调索菲亚的神话。例如，他在“今夜秀”（*The Tonight Show*）上告诉主持人吉米·法伦，“她基本上是有生命的。”[1]

当然，这是不可能的。[2]机器人索菲亚的能力远不如其他许多机器人。索菲亚具备第十二章提到的聊天机器人技术，尽管有局限性，但能够跟踪人脸，据说可以进行面部识别。它的面部有许多自由度，酷似人类面孔，拥有十分流畅且令人信服的面部动画，也可流畅使用部分手势。但人们目前还不清楚索菲亚的动作是在交互过程中自动生成的，还是像傀儡一样受到人类驱动。索菲亚的头部运动相当不稳定，在谈话中，尤其是在三方谈话时，无法很好地利用目光，让眼睛看向某一位置。

索菲亚通常身着衣物，因此我们看不到她的身体，最近增加的腿远远落后于腿式运动的先进技术水平。据说索菲亚可以识别部分情绪，具有一定的会话学习能力，但这些并没有体现在机器人的行动视频中。一些访谈中，索菲亚的动作看起来就像是全部或者部分预先设定好的。索菲亚更像是剧院或巴纳姆马戏团（Barnum Circus）用来吸引游客的工具，而并非创新性的人工智能。

但问题在于，新奇效应和严格控制短时互动带来的局限性，让人们对机器人世界的动态产生了错误的印象。年轻女性的美丽面庞引起了观众的本能反应，一些男性观众反应尤其明显，这些反应带来的感觉和意识在任何机器人身上都没有出现过，更不用说这台机器人了。

这点能否揭示机器人权利问题呢？当前，围绕机器人权利问题有诸多揣测，研究机器人学之外的其他人士尤其热衷于此。让我们放弃揣测，用切实的方式来思考这个问题。前几章已经就机器人是如何构造的进行了解释，向读者展示了机器人能做什么和不能做什么。因此前几章的关键词是“机器”。机器人是人工制品，就像介绍中讨论的洗衣机、恒温器和发条自动机一样。人们不会讨论是不是应该赋予机器一些权利。为什么？可能是因为洗碗机不会到处运动。好，那么起重机，或者电传飞机呢？或者吸尘器机器人？这些机器是否都需要权利呢？

或许人们会觉得这些例子中的机器都无法感知环境，但就像前文指出的，恒温器确实可以感受环境并对此做出反馈。吸尘器机器人也是如此。如今，哪怕是工业机械臂都会有传感器。然而，沙特阿拉伯似乎并没有向工业机械臂或机器人吸尘器发放公民身份。从根本上说，是否赋予权利取决于人们对人形机器人的本能反应。机器人看起来和人类有些相似。机器人会有一定的自然语言互动能力，即使它听不懂自己说的话，使用语言的原理类似鹦鹉或其他模仿型鸟类，但人们仍然觉得这些机器具备一定的人类特征，纠结是否赋予它们权利，哪怕这些机器实际上根本不具备人类特征。

机器人三大定律

针对本章提出的问题“机器人能够拥有道德吗”，最直接的答案是——很抱歉，不能。人类有道德，但机器没有。然而，机器设计和制造者应该有道德，应该对机器能做什么或不能做什么负责。建议赋予机器人权利或道德，其实就是在说应当把责任归咎于机器，而非制造者。随着信息系统自动化日益增强，人们已经熟悉了这种责任转移的套路。出于某种原因，没有人支持为基于软件的决策系统赋予权利。许多人类客服交流的基调是“计算机说不”，当然这还是建立在人们能接触到人工客服的假设上。系统决定取消信用卡就是十分糟糕的反应，如果是一辆刚刚碾过行人的自动驾驶汽车，情况就更糟了。[3]

在这种情况下，人们通常会提到阿西莫夫的机器人三大定律。1940 年至 1950 年期间，艾萨克·阿西莫夫在美国科幻杂志上发表的一系列科幻短篇小说中介绍了三大定律。这些故事后来以书的形式出版，名为《我，机器人》（*I, Robot*），据说这些故事后来又成为 2004 年一部同名电影的灵感来源。故事中，三大定律被植入了虚构的人形机器人的大脑中。定律规定：

1. 机器人不得伤害人类，也不得因不作为使人类受到伤害。

2. 在不违反第一定律的前提下，机器人必须绝对服从人类发出的任何命令。

3. 在不违反第一定律和第二定律的前提下，机器人必须尽力保护自己。

三大定律听起来简明扼要，令人钦佩。但人们经常忽视，阿西莫夫创作的大多数机器人故事之所以有戏剧性，主要是因为模糊、相互冲突或不充分的三大定律。尽管阿西莫夫的科幻机器人是完美的，即在现实生活中没有任何行动、感知、推理和沟通能力上的缺陷。

那么如果吸尘器机器人碾过狗屎，并将其撒满整个公寓伤害了人类，是否违反了第一定律呢？虽然没人因此死亡，但从另一个角度讲，狗屎就是疾病的源头，对孩子而言尤其如此，而且把公寓清理干净需要时间和精力，甚至还要花钱。这不是伤害吗？

现代人类社会有广泛的法律条文，正是因为简单的公式在实际生活案例中起不了作用。例如，人们在讨论基督教十诫第六条“不可杀人”如何在现代社会中发挥作用或是否应该发挥作用。阿西莫夫简短的“第一定律”试图涵盖所有法律条文，谋杀、斗殴造成的诽谤，这还不包括工业发展造成的健康问题、安全和民事过失。更重要的是，即使是广泛的法律法规也不够，否则计算机也能执行正义。人们还需要人类法官、律师和陪审团为具体案件做法律解释。因此，虚构的想法即便有趣，也不应和现实世界的机器人技术混为一谈。

道德准则清单

如果“通用”伦理不能通过设计转嫁到机器人身上，那么就需要机器人的设计者和制造商遵守道德规范。他们也应当在设计制造过程中考虑特定的道德问题。虽然，相比于机器人当前或不久的将来会具备的能力，公众是在过度担忧，但这些担忧也足以促使几家高层公共机构开始就道德问题采取行动。

在美国，行业领先机构电气和电子工程师协会（IEEE）负责管理 IEEE 全球自主和智能系统伦理倡议，该倡议正挖掘各种资源，旨在“确保参与自主和智能系统设计和开发的每个利益相关者都受到教育和培训，并被授权优先考虑伦理问题，使技术发展能够造福人类”。[4] 与此同时，欧盟一直在制定“可信赖人工智能的伦理准则”。[5] 这些准则覆盖的不仅是机器人，还是整个人工智能领域，并根据准则设立了专家委员会和公开咨询机制。

那么，这些道德准则究竟是指什么？准则没有将标准止步于伤害，而是扩大到人类自主、赋权和欺骗等问题上。英国研究人员编制的一份清单可概括如下：

1. 机器人不应该被设计成完全或主要用来杀死或伤害人类，

以保护国家安全利益为目的的除外。

2. 人类，而不是机器人，是责任主体。机器人是一种工具，其设计和操作应该符合现有的法律，包括隐私。

3. 机器人是产品，应该以确保其安全的方式设计。

4. 机器人是人工制品，不应该通过情感和意图错觉来剥削脆弱的使用者。应确保人类总是能区分机器人和人类自身。

5. 应确保总是能够找到机器人的法律责任人。

其中第四项就是索菲亚出现的问题，机器人和人类之间的区别被故意混淆了。索菲亚并不是个例：与机器人相关的新闻报道经常会出现这样的混淆，提出前面几点的专家甚至加上了“七条高级信息”，第七条是“在媒体上看到错误的报道时，我们承诺花时间联系报道的记者。”

而在索菲亚的案例中，欺骗实际上来自机器人的生产者，而并非记者。另一个例子发生在 2018 年，新闻报道称一个机器人被邀请为议会教育特别委员会“做证”，这个想法源于一所大学的市场营销系，机器人就四个问题被预编程了答案，委员会提出问题后，机器人会提供四个预先设定的答案。[7] 这个机器人和 MP3 播放器的唯一区别是，收纳录音的是一台长得像人类的机器人，且可以实现文本到语音的转换。这并非“提供证据”的真实含义。在这些故事的加持下，公众对机器人的能力有不切实际的想法也是可以理解的。但问题在于制定道德规范的机构没有权力强制其他组织不要过分宣传自己的机器人产品，也没有一家新闻机构因为重复炒作机器人而失去用户。

研究人员必须更认真地对待伦理原则，因为他们需要通过伦理委员会来澄清实验。一旦被发现违反伦理原则，研究人员的职业生涯将面临严重后果。少数长期使用机器人的案例表明，机器人实际能力的不足，足以让人们将机器人与人类区分开来。但海豹 Paro 和其他机器人宠物的例子也表明，善良的使用者即便知道它们是机器人，也会像对待真正的动物一样对待这些机器人。这会造成不道德的情感依赖吗？让我们回到伤害这个问题，以及清单中的第一条原则。请注意，它的限定是“以保护国家安全利益为目的的除外”，在实践中，这一限定范围极广。正如核科学家十分关注原子武器一样，许多机器人专家也在担心致命性自主机器人（LARs）的发展，[8] 或者手柄更钝的杀手机器人。

机器人技术在武器上的应用

不同层次的自动化和机器人技术应用到武器上已经有一段时间了。美国巡航导弹已经实现自主导航多年，使用的就是类似于第五章讨论的技术。这项技术结合了航位推算、GPS 信息和飞越地形的等高线匹配。巡航导弹可自动识别目标，将机身感知数据同分配到的目标进行匹配。真正让专家们担心的问题是赋予这些设备自主选择目标的能力。想象一下，一群自动驾驶的无人机永远在一座城市上空飞行，杀死谁的决定者和执行者都是这些无人机。

首先，传感技术并非完全可靠。以面部识别为例：在数据库中搜索并匹配照片，成功率非常高；靠近并面对屏幕，成功率仍然很高，因此面部识别这一技术可以应用于手机。但在真实环境下，面部识别的准确率会急剧下降。2019 年，英国警方评估了一项在公共场所使用的技术，结果显示误报率极高，在 42 个“可疑匹配项”中，只有 8 个是正确的。[10] 众所周知，面部识别对肤色较深的面孔和女性的准确率较低，因为训练系统中使用的数据，白人男性数量比例极高。[11] 因此，目标识别错误是很有可能会发生的。

其次，没有任何自主系统能够准确评估造成巨大伤害的风险——例如，杀死大量非目标平民。致命武力的决定权需要由人类掌控的理由很多，以上便是其中之一。军用无人机是由人操作的，因为在部署无人机之前，操作员必须从掌握当前情况的人那里得到明确的命令。确实，有些军事目标周围的平民并不在考虑范围内，但由人操控至少可以知道向谁问责。自主武器的使用者一旦执行了这种不负责任的行为，就是违反了国际法，《日内瓦公约》（Geneva Conventions）禁止过度使用武力。[12]一些国家在完全自主武器方面取得了有效进展，可能引发一场技术驱动的军备竞赛，因此有越来越多的国家希望达成国际协议控制这些武器。联合国已经根据《特定常规武器公约》（Convention on Certain Conventional Weapons，CCW）召开了四次会议，讨论缔结一项禁止自主武器条约的可能性。参会国家同意需要对这类武器进行“有意义的人类控制”，但在如何实施、是否应该制定国际法或效力更弱的指导方针等方面没有达成一致。在民族主义日益高涨、无视国际条约的大环境下，这项工作显得更加紧迫。

把话题直接从杀手机器人转向性爱机器人似乎有些变态（如果用这个词合适的话），但军队和性产业都是新技术的早期使用者。正如序言中指出的，皮格马利翁和加拉蒂亚的故事说的就是一种性爱机器人。性爱机器人也引发了大量的伦理争论。一些人认为，既然充气娃娃在一些国家是合法的，那么性爱机器人也应该是合法的；其他人则认为，性爱机器人的生产和使用相对危险，需要人类控制，甚至应该制定法律禁止生产使用。[13]

人工智能技术在性爱机器人上的应用远不如在武器上的应用先进，主要是因为从远处炸死人比和人进行亲密的身体接触更容易。性爱机器人还需要令人信服的人类外形，但正如前文所述，目前的技术只能做到让机器人在静止时酷似人类，一旦动起来，实现这个目标就很困难了。给机器人增加一定的聊天机器人功能尚能解决，但目前这些机器人产品都无法行走，而且姿态固定，无法自动控制身体。很少有讨论提及性爱机器人自动启动时，其骨架是否会带来个人健康和安全问题。[14]

关于性爱机器人的争论点主要是在减少人类卖淫，使有社会心理或身体问题的人更容易产生获得感，减少孤独感，或者让机器人成为性治疗工具上。反对的观点主要是来自前面提出的道德问题清单中的观点。在性爱机器人的潜在市场中男性居多，它的出现会助长社会中物化和商品化女性的风气吗？[15]性爱机器人的低廉价格会迫使女性放弃从事性工作吗？如果答案是肯定的，这会是一件好事吗？另一方面，性爱机器如何为人类顾客提供所需的真实背景故事呢？[16]更不用说提供真实的陪伴了。性爱机器人的卖点不就是迷惑脆弱的使用者，让他们无法区分人类和机器人吗？性爱机器人是会治疗还是让恋童癖等疾病恶化？以孩子为模型设计性爱机器人根本不应被允许。人们也可以想象，性爱机器人很可能会连接互联网，这样会更容易受到黑客攻击，引起人们对隐私的担忧。

支持者和反对者的许多争论仍然有推测的成分，且受影视剧对待机器人和性的影响，这是科幻小说中一个流行的主题。正如第十一章提到的，今天的机器人一般不能在日常人类环境中实现长期自主，无论是在性方面还是在其他方面。目前为数不多的性爱机器人供应商是出于销售原因而大肆宣传他们的产品。人们很容易高估这些产品的现有功能或未来可实现的功能。

除了恐惧机器人接管世界或取代人类这个物种等不切实际的想法，人们更担心机器人会影响就业。诸多报告得出的数据加剧了人们的担忧：在未来 15~20 年内，15%~55% 的工作岗位将受到影响。然而，正如机器人伦理问题因机器人与人类之间模糊的差异而受到长期困扰，机器人如何影响就业的讨论也会受到非机器人因素的干扰。正如第十二章讲到的，聊天机器人并非机器人。在互联网上运行的自动化信息处理系统也不是机器人。[17] 许多研究报告的标题都是“机器人和人工智能会抢走你的工作吗？”但其实几乎所有讨论都是基于计算机的自动化。[18]

未来学家罗伊·阿马拉曾经指出：“人们倾向于高估一项新技术的短期影响，而低估其长期影响。”[19]

自动化从 19 世纪 50 年代和大规模工业化以来就一直在进行，这不是新的社会进程。纵观历史，虽然许多工作被自动化所取代，但这一进程也带来了许多新的工作。

计算机在 20 世纪 50 年代中期问世，互联网发明于 20 世纪 60 年代，第一个网络浏览器在 1990 年出现。在这段时间内，不同类别的信息工作都实现了自动化，例如，工资发放员、打字员、旅行社和房地产经纪人等中介，以及实体零售。

科技发展，加之智能手机的出现，影响不断累积。最近，纸媒和电视受到了数字技术的挑战，这些挑战发生的前提是数字发行广泛普及且数据通信网络能够经常支持实时流媒体。如果没有其他技术支撑，单独的技术成不了气候。数据通信技术的普及和发展是关键推动因素。有人可能会说，当前世界发生的最大变化与机器人无关，而是由更多信息工作自动化引起的。前台工作岗位因此流失，但这一趋势也带来了网页设计、网络销售等新的后台工作岗位。

机器人销售仍以工业机器人为主，这些机器人是为工厂中的工作而设计的。[20] 它们是最早被开发出来的。1954 年，工业机器人首次获得版权，并于 1962 年被引入一家造车厂；直到 1975 年，商用机器人才完全由电力驱动，并配有微处理器，到了 20 世纪 80 年代，才实现销量激增；而配置传感器使得机器人可对周围环境做出有限反应，则是更近才取得的成果。

工厂的布置需要围绕工业机器人进行，因此在现有工厂中安装工业机器人的成本非常高。正因如此，过去 10 年工业机器人销量的指数增长主要由亚洲国家推动，当前亚洲国家也仍然是工业机器人的最大市场。购买工业机器人的国家仍处于工业化进程中，可以在起步阶段就拥有最先进的技术。汽车制造产业使用了 30% 的工业机器人，中国等亚洲国家汽车销量的爆炸式增长依赖于拥有新型机器人的新工厂。第二大领域（25%）

是电气和电子工业。在制造业中，工业机器人造成的就业损失更多是由国际竞争导致的，机器人并未取代现有工业化国家的工人。第九章中讨论的协作机器人是最近才引入工厂同人类操作员一起工作的。协作机器人对中小型工厂更具吸引力，这些工厂无法承担因使用标准工业机器人重新设计工厂带来的成本，但它们亟须提高生产率增加竞争力。与主流工业机器人相比，协作机器人销售额较低，但增长率很高：年销售额从 2017 年的 4 亿美元上升至 2018 年的 6 亿美元。[21]

服务机器人迄今为止最大的增长发生在物流领域，其中包括自动化仓库。[22] 互联网消费增长带动仓库需求增大或许是服务机器人销售增长的驱动因素。仓库的劳动岗位很可能受到影响，但更多的仓库也正在建设中。后续，仓库也需要工人具备更高的技能，学会使用机器人。服务机器人领域的第二大市场是检测机器人。食物和饮品工厂正在实现自动化，但零售和做汉堡包的厨房机器人等售价不菲，容易出错，且需要人类支持。个人使用的机器人主要是真空吸尘器，割草机器人的数量较少。

在发达经济体中，机器人能带来的制造业岗位十分有限，那么人们对大量失业的担忧从何而来呢？最近发布的许多报告似乎高估了制造业以外机器人技术的成熟度。的确，如果自动驾驶汽车可在短时间内取代所有的私家车、卡车和公共交通工具，那么大量的驾驶工作将会消失。然而，正如上文所讲，自动驾驶汽车并不像有关公司想象的那样，可以轻易使用。在城市中重新设计道路，进程缓慢且阻力重重，在某些情况下还会受到政治阻挠。同其他技术交织，针对气候变化的应对措施，让人更难判断会发生什么情况。在这里，20 年只是弹指一瞬。

其他工作种类不像预期的那样容易实现自动化。形式各样的自动清洁机器已经出现了至少 30 年，但唯一得到广泛使用的只有自动真空吸尘器，且仅限于少数家庭，并没有普及。对机器人来说，办公室的清洁工作需要复杂的导航系统，对清洁什么和如何清洁进行明智判断。从事清洁工作的人工资微薄且地位不高，而且办公室清洁机器人价格昂贵，功能有限。两者相比较，可以解释为什么如此多的清洁工作仍然是由人工使用非自主机器人完成的。

机器人自动化会影响的工作种类列表往往显得过于笼统。就像真空吸尘器无法取代人类清洁工，尽管这些机器改变了人们的工作方式，但割草机器人也不会使地面和维护人员变得多余。有预测称，在美国从事这一领域工作的人口将在 10~20 年内从 100 万人下降到 5 万人，但这似乎极其难以证明。[23]

除军事和性行业外，智能机器人还可能出现在哪些领域呢？机器人的功能确实需要专门针对应用程序和环境进行定制，这使得机器人很可能逐渐遍布于各小众领域。海豹帕罗就是医疗健康小众领域的例子，这样的产品还会越来越多。危险环境可能会产生更多令人信服的证据，证明赋予机器人更大自主性是可行的，因此自主水下航行器是一个具有增长潜力的领域，用于救灾的半自动搜索和救援平台也是如此。廉价无人机的增长受制于监管，这一棘手问题仍有待解决，但无人机很可能产生一套属于自己的小众应用。一旦无人机的飞行时间延长，针对交通堵塞和屋顶状态等情况的检测应用将成为可能。无人机也可应用于警务工作，毕竟无人机监控抗议活动可能会比直升机更便宜。许多城市都广泛覆盖闭路电视，但其他无人机监控应用似乎也可能与摄像头网络进行连接。

然而，正如我们看到的，媒体报道可能误导公众，错误理解机器人在新兴领域的能力，这一点不足为奇。2018 年，英国的一个研究团队进行了为期一周的实验，在街角的一家小连锁店测试社交机器人的功能。研究人员当时正在参加某广播电视公司制作的系列节目。令他们沮丧的是，他们的研究结果出现在第 22 篇题为《机器人店员一周后被解雇》的搞笑文章中。这个故事随后传遍世界：假新闻铺天盖地。[24]

社交机器人代表着新的应用领域，很多公司都试图抢占这个小众市场。但很不幸，很少有公司能够跳出研究领域，进入其他市场，很多公司甚至已经倒闭。[25] 比起目前可行的版本，终端使用者希望社交机器人拥有更强大的功能和更好的长期性能，不仅拥有聊天机器人的功能，还需拥有额外的表达能力。语音助手作为互联网接口出现，表明社交机器人需要让自身的物理实体和移动能力成为对使用者更加有利的存在。当前社交机器人还未实现这一目标，但未来的研究或许会攻克这一难关。

250 多年的工业发展告诉人们，自动化确实会影响就业。整个发展过程中，最大的混乱是由快速变化引发的，比如引入工厂制度。然而，人们也知道自动化会带来新的商品和服务。媒体报道危言耸听，但两者之间的平衡并不像媒体暗示的那样易如反掌。

人们十分疯狂地揣测机器人或自动信息系统的潜在影响，却唯独忘记考虑了政治最终会如何伤害那些“站错队”的人。失业的煤矿开采工人，为什么不接受新技能的再培训？制造业的工作岗位减少了，为什么不能将更多资源投入到护理工作中？由于人口老龄化，许多国家的护理工作岗位正在增加。零售产业受到网络销售的冲击，为什么由此产生的配送工作却一定是没有保障的零时工作？自动化提高了生产力，为什么不能促使工作制改为一周四天，为什么只会导致收入不平等加剧就业随意化？

这些问题并非技术问题，而是政治问题。将人工智能和机器人技术应用于杀手机器人和权威监控等社会负面领域就是一项政治决策，利用自动化信息系统规避人类对自身决策的责任也是一种政治决策。这些决策影响着所有的公民。

最后，让我们回到“在人们眼中，机器人是什么”的问题上。整本书都在努力论证机器人是机器，是经过设计的人工制品，不具备生命。大多数机器人的身体由金属和马达制成，由电池供电，由人类程序员在电脑上开发的软件驱动。说白了，机器人就是带轮子的金属盒子，里面装着一台计算机。

这与生物的构造方式有着本质上的不同。人不是一个嵌着计算机大脑的肉盒子。“肉盒子”只是为了方便比喻，这就像早期有人将大脑比喻为液压系统或电话交换机（其实都不准确）一样。人体是具有互锁电化学过程的复合体，其中内外部行为来自自行维持的动态相互作用。[26] 因此，给机器人配置性能绝佳的软件不太可能使机器人同人类更加相似。人体的动态复杂性是阻碍人类了解人体工作机制的一个主要原因。

大脑是神经系统的延伸，神经系统覆盖人体各个角落，人体大量的活动是局部自己调节的，并不需要大脑干预。神经系统也不是唯一的网络：

循环系统和内分泌系统也会触及身体的方方面面。许多人体生化过程，无论是局部还是整体，都可通过共享男女遗传信息进行繁殖。然后在女性体内形成新生儿。人体的能量是由一系列电化学过程提供的，这些过程吸收氧气和水，分解食物，排泄废物。

机器人的身体也存在腐蚀等电化学过程。机器人的电化学过程不是集成在一起的，因为机器人由许多独立元件组成，每一个元件都必须单独制造。各个元件通过物理接触连接起来，连接方式包括螺丝或其他固定装置、齿轮等部件，偶尔也会通过液压或压缩空气管道连接，还有更常见的电路连接。儿童的背后是一对父母，机器人的背后则是全球性的制造业综合体。机器人本身就是早期人类制造业的产物，最早可以追溯到工业革命。如果机器人公司想要生产更多机器人，就必须控制这个综合体的绝大部分，一路追溯到原材料开采。

机器人专家尝试从生物身上提取可以设计到机器人身上的功能，在这个过程中，他们很快就对生物的能力产生敬畏。机器人制造正在取得进展，但进展十分缓慢，因为解决硬件软件问题面临着重重困难。本书阐述了机器人如何移动、导航、抓取、使用人工智能、学习、模拟情绪、合作和在社交环境中表现自己，从这些论述中，我们已经感受到复制人类能力，哪怕只有一小部分，也是十分困难的。我们真的造不出和人类一模一样的机器人。

也没有任何迹象表明会出现一些迄今为止意想不到的突破，使机器人问题突然变得简单，让机器人实现快速发展，这听起来很像投机未来学的不靠谱假设。但这并不是说机器人毫无意义，就像医学不会因为人类没有完全了解人体而失去意义一样。忘掉那些炒作，忘掉那些关于所谓新物种或超人类能力的不切实际的猜测吧，让机器人专家和广大民众一起努力，把这项迷人而富有挑战性的技术应用到能带来好处的地方。

致谢

感谢机器人学领域的发展为撰写本书提供帮助和支持，任何错误都只与本书作者有关。本书使用的图片来自位于英国的欧盟项目 LIREC 和英国研究所项目 SoCoRo 的合作伙伴、爱丁堡机器人中心、詹姆斯·劳和谢菲尔德机器人中心、赫瑞瓦特大学的安迪·华莱士和菲尔·巴蒂，以及斯特林大学的艾伦·劳，本书在此对上述机构和人士表示感谢。同样感谢赫特福德大学的迈克尔·沃尔特斯。感谢蒂姆·珀金斯、希拉·珀金斯、格雷格·迈克尔森和维伦娜·瑞特阅读了本书的部分或全部内容，并给出了有益建议。

注释

前言

1. 在过去的十年中，西欧民众对机器人的态度变得越发消极。参见 T. Gnambs 和 M. Appel 的论文 *Are Robots Becoming Unpopular? Changes in Attitudes towards Autonomous Robotic Systems in Europe*，收录于 *Computers in Human Behavior* 第 93 期（2019 年）：53–61。
2. Marvin Minsky 在 *The Emotion Machine* 一书中讨论了 suitcase words（手提箱词）。有关简介，请参见 Rodney Brooks 的文章 *The Seven Deadly Sins of AI Predictions*，发表于 *MIT Technology Review*，日期为 2017 年 10 月 6 日，链接：https://www.technologyreview.com/s/609048/the-seven-deadly（访问日期为 2020 年 11 月 20 日）。

第一章

1. 关于这个神话及其他相似故事，请参见 Adrienne Mayor 的著作 *Gods and Robots*（普林斯顿大学出版社，2018 年）。在奥维德的故事中，雕像没有名字；在后来的版本中，雕像的名字是 Galetea。
2. *Oxford English Dictionary* 引用了 1728 年 Ephraim Chambers 的 *Cyclopaedia* 中最早使用 android 一词的例子，该词语据说与圣阿尔伯图斯・马格努斯制造的自动机有关。
3. 请见"类人"机器人，尤其是日本开发的版本。英特尔智能图形角色也大多以女性形象出现，家庭对话界面 (Alexa、Siri、Google) 通常被赋予年轻女性的声音。
4. Mayor, *Gods and Robots*, 90–95.
5. 本书其中一位作者讨论了机器人艺术家艾达的案例 : Ruth Aylett, "Ai-Da: A

Robot Picasso or Smoke and Mirrors?" Medium.com, 发表于 2019 年 7 月 13 日，*https://medium.com/@r.s.aylett/ai-da-a-robot-picasso-or-smoke-and-mirrors-a77d4464dd92*（访问于 2020 年 11 月 20 日）。

6. E. A. Truitt 在 *Medieval Robots: Mechanism, Magic, Nature and Art*（宾夕法尼亚大学出版社，2015 年）一书中讨论了 Ktesibios，Mechanism, Magic, Nature and Art, 4, 156n8.
7. Truitt, *Medieval Robots*, 31–32。拜占庭宫廷里唱歌的鸟儿已成为通俗历史；例如，W. B. Yeats 的诗"拜占庭"和"航行到拜占庭"。
8. Mayor, *Gods and Robots*, 198–199.
9. Truitt, *Medieval Robots*, 4.
10. Mayor, *Gods and Robots*, 200–201.
11. Truitt, *Medieval Robots*, 122–137.
12. Tony Freeth, Yanis Bitsakis, Xenophon Moussas, John H. Seirada- kis, A. Tselikas, H. Mangou, M. Zafeiropoulou 等人，"解码被称为 Antikythera 机制的古希腊天文计算器",《自然》第 444 期。7119（2006 年 11 月）: 587–591。587–591.
13. Truitt, *Medieval Robots*, 147.
14. 教堂自动机在杰西卡·里斯金的《花园里的机器》中有讨论，https://arcade.stanford.edu/rofl/machines-garden（访问于 2020 年 11 月 20 日）。
15. Renato and Franco Zamberlan, *The St. Mark's Clock, Venice*,Horological Journal, January 2001, 11–14.
16. 美国国家历史博物馆有一段僧侣机器人运动的完整视频：https://www.youtube.com/watch?v=kie96iRTq5M（访问于 2020 年 11 月 20 日）。
17. 笛卡尔的二元论受到了 Daniel Dennett 等唯物主义哲学家和 Antonio Damasio 等神经生理学家的强烈挑战。他们认为，精神是大脑的物质属性，大脑是身体的一个组成部分，而不是一个独立的控制中心。
18. 英国项目 AIKON-II（2008—2012）研究了机器人手臂如何从相机照片中绘制肖像，参见 https://sites.google.com/site/aikonproject/Home/aikon-ii(访问于 2020 年 11 月 20 日)。这类平台代表 Draughtsman 取得了进步，它上面的四幅画是预先确定的，使用图形算法编码关于如何执行绘图的艺术知识。
19. 1725 年，里昂的一位丝绸工人 Basile Bouchon 发明了一种纸带导向织机。1804 年，提花织机的自动化达到了顶峰。
20. DARPA 在 2015 年发起了一项挑战。机器人必须通过一场障碍赛来测试搜救能力。任务包括在不稳定的表面行走、爬楼梯、开门、下车和关闭阀门。然而决赛的部分影像片段显示，机器人并不是自主的，大多数时候是被远程操作的；参见 2019 年 6 月 13 日发布在 YouTube 上的 IEEE Spectrum 视频"Robots Falling Down at

DARPA Robotics Challenge（DARPA 机器人挑战赛上机器人摔倒）” https://www.youtube.com/watch?v=xb93Z0QItVI（访问于 2020 年 11 月 20 日）。

21. 一些人机交互研究人员认为，绿野仙踪技术被过度使用；参见 Laurel Riek，“Wizard of Oz Studies in HRI: A Systematic Review and New Reporting Guidelines”，*Journal of Human-Robot Interaction*, 1 (2012): 119–136, https://doi.org/10.5898/JHRI.1.1.Riek.5898/JHRI.1.1.Riek。

22. 波士顿动力公司 (Boston Dynamics) 是一家国际领先的机器人工程公司，它展示了许多机器人的视频，但大多数机器人似乎是被远程操控的。在一段视频中，机器人可以自主导航，尽管只是在静态环境中，但机器人已经被带着四处走动了。参见 2018 年 5 月 10 日发布于 YouTube 网站的视频，“Spot Autonomous Navigation（发现自主导航）”，https://www.youtube.com/watch?v=Ve9kWX_KXus（访问于 2020 年 11 月 20 日）。波士顿动力公司的视频十分热门，一个名为 Corridor 的组织制作了一个恶搞视频，其中被虐待的机器人最终进行了反击。参见 2019 年 6 月 16 日发布于 Youtube 网站的视频 “Boston Dynamics: The Robot Fight Back (Corridor Parody) [波士顿动力公司：机器人反击 (走廊戏仿)]”，https://www.youtube.com/watch?v=rW9WmA5okpE（访问于 2020 年 11 月 20 日）。很多人一开始都以为这是真实的机器人镜头。

23. 关于这一问题的简短讨论，请参见 Christopher Mims，“Why Japanese Love Robots and Americans Fear Them（为什么日本人喜欢机器人而美国人害怕机器人）”，*MIT Technology Review*，2010 年 10 月 20 日，https://www.technologyreview.com/s/421187/why-japanese-love-robots-and-americans-fear-them/421187/why-japanese-love-robots-and-americans-fear-them。关于日本人对待机器人的态度与神道主义的联系，更深入的讨论出现在 Naho Kitano 的一篇论文中，“Animism, Rinri, Modernization: The Base of Japanese Robotics（万物有灵论，伦理，现代化：日本机器人的基础）”，*Proceedings* 2007 *IEEE International Conference on Robotics and Automation*，第 7 卷 (ICRA, 2007 年 4 月)，10–14 页。

第二章

1. “$10 Million Awarded to Family of U.S. Plant Worker Killed by Robot”，*Ottawa Citizen*, 1983 年 8 月 11 日，14。

2. 关于恒温器是智能主体的论点，请参阅 Stuart J. Russell 和 Peter Norvig 的 *Artificial Intelligence: A Modern Approach*，第二版，(Upper Saddle River, NJ:Prentice Hall, 第二章 Prentice Hall, 2003), 持相反意见的讨论，请参阅认知科学教学联盟 (CCSI) 在线课程 “Introduction to Intelligent Agents（智能主体导论）”，http://www.mind.ilstu.edu/curriculum/ants_nasa/intelligent_agents.php（访问于 2020 年 11 月 20 日）。

3. Gibson 的这一观点提出于 1966 年，后在 *the Ecological Approach to Visual*

Perception 一书中进行了更详细的探讨，(Boston: Houghton Mifflin Harcourt, 1979)。

4. 不仅仅是机器人。自 1994 年以来，"计算机是社会行动者" 理论一直认为，人们倾向于认为所有计算机都具有社会主观能动性，不仅仅是驱动机器人的计算机。这意味着社会规范，如礼貌和社交互动，并涉及归因个性和独立的内心生活的应用。这些想法与 Clifford Nass 和其团队的关系最为密切：参见 Clifford Nass,Jonathan Steuer, 及 Ellen R.Tauber, "Computers Are Social Actors" , 收录于 *Proceedings of the SIGCHI Conference on Human Factors in Computing Systems* (ACM, 1994), 72–78。
5. 社交机器人的先驱 Cynthia Breazeal 于 2013 年在麻省理工学院进行的一系列实验中观察到了这一点。这是人类参与者认为机器人居高临下的众多案例之一，虽然机器人并不具备主动选择这种行为的方式。C. Breazeal, N. DePalma, J. Orkin, S. Chernova, and M. Jung, "Crowdsourcing Human-Robot Interaction: New Methods and System Evaluation in a Public Environment" , *Journal of Human-Robot Interaction* 2, no. 1 (2013): 82–111.
6. 在 2006 年的实验中，研究人员在现实世界中使用了眼睛和花的图片，他们发现咖啡钱的贡献水平总是随着从花到眼睛的过渡而增加，随着从眼睛到花的过渡而减少。M. Bateson, D. Nettle, and G. Roberts, "Cues of Being Watched Enhance Cooperation in a Real-World Setting," *Biology Letters* 2, no. 3 (2006):412–414. 应用于乱扔垃圾行为时，看到眼睛时乱扔垃圾的人与看到花时相比，数量减少了一半。M. Ernest-Jones, D. Nettle, and M. Bateson, "Effects of Eye Images on Everyday Cooperative Behavior: A Field Experiment", *Evolution and Human Behavior*, 32, no. 3 (2011): 172–178.
7. E. Broadbent, R. Tamagawa, N. Kerse, B. Knock, A. Patience, and B. MacDonald, "Retirement Home Staff and Residents' Preferences for Healthcare Robots" , in *RO-MAN 2009: The 18th IEEE International Symposium on Robot and Human Interactive Communication* (IEEE, September 2009), 645–650.
8. 这项任务是通过市售机器人玩具 Pleo 恐龙进行的，其灵感来自人们对笔记本电脑和手机进行的个性化设置方式。睡衣和手镯等物品被用来改变它的行为。Y. Fernaeus and M. Jacobsson, "Comics, Robots, Fashion and Programming: Outlining the Concept of ActDresses", in *Proceedings of the 3rd International Conference on Tangible and Embedded Interaction* (ACM, February 2009, 3–8).
9. 关于赫特福德大学的实验，参见 M. L. Walters, K. L. Koay, D. S. Syrdal, K. Dautenhahn, and R. Te Boekhorst, "Preferences and Perceptions of Robot Appearance and Embodiment in Human-Robot Interaction Trials" , in *Proceedings of New Frontiers in Human-Robot Interaction* 2009，https://uhra.herts.ac.uk/handle/2299/9642（访问

于 2020 年 11 月 20 日)。

10. 通过更加方便地重新配置，折纸机器人，旨在使工业、家庭和教育定制机器人更加民主。C. D. Onal, M. T. Tolley, R. J. Wood, and D. Rus, “Origami-Inspired Printed Robots,” *IEEE/ASME Transactions on Mechatronics* 20, no. 5 (2014): 2214–2221.
11. 恐怖谷效应只是一个假设，但对后来的机器人和平面角色设计产生了巨大的影响。日语版本，参见 Masahiro Mori, *The Buddha in the Robot* (Tokyo: Kosei Publishing, 1981)；1992 年，Kosei Shuppan-Sha 出版了英文译本。
12. 关于恐怖谷效应的源起，参见 Maya B. Mathur and David B. Reichling, “Navigating a Social World with Robot Partners: A Quantitative Cartography of the Uncanny Valley”, *Cognition* 146 (January 2016)：22–32，https://doi.org/10.1016/j.cognition.2015.09.008.org/10.1016/j.cognition.2015.09.008。
13. 关于 Kismet 的运行状态及其行为解释，参见 Radhika Khandelwal, “Kismet the AI Robot”, YouTube, 发布于 2014 年 10 月 8 日，https://www.youtube.com/watch?v=NpbCPNoLqd0 (访问于 2020 年 11 月 20 日)。
14. 动画师的圣经是 *The Illusion of Life: Disney Animation*，作者是两位资深迪士尼动画师 Frank Thomas 和 Ollie Johnston。内容涵盖了作者在长期职业生涯中所学到的经验，如何给动画角色赋予可信个性。

第三章

1. 关于有腿机器人，参见 Q. D. Wu, C. J. Liu, J. Q. Zhang, and Q. J. Chen, “Survey of Locomotion Control of Legged Robots Inspired by Biological Concept”, *Science in China Series F: Information Science* 52, no. 10 (2009): 1715–1729。
2. 波士顿动力公司 (Boston Dynamics) 从 2005 年开始为美国陆军试验其“大狗” (Big Dog) 机器人。参见 IEEE 机器人目录，https://robots.ieee.org/robots/bigdog (访问于 2020 年 11 月 20 日)。美国陆军最终没有采用这款机器人；该机器人的内燃机可保证射程，但对于军队的隐形步兵行动来说噪声太大。在“大狗”之后，波士顿动力公司生产了更小的犬型机器人，名为“斑点” (Spot)。关于接近生产的版本，参见 TechCrunch 在 2019 年 4 月 22 日发布于 YouTube 的视频 “Marc Raibert Shows Off a Close-to-Production Spot Mini”，https://www.youtube.com/watch?v=iBt2aTjCNmI (访问于 2020 年 11 月 20 日)。机器人斑点在两次充电之间的运行时间约为 90 分钟，目前售价为 74 500 美元。为有效纠正一些斑点视频引发的不实期望，参见 Matt Simon 于 2019 年 9 月 24 日发布在 Wired 网站上的视频 “Spot, the Internet’s Wildest 4-Legged Robot”, https://www.wired.com/story/spot-boston-dynamicsIs Finally Here (访问于 2020 年 11 月 20 日)。
3. 有关将蟑螂机器人化实验的简短说明，参见 Ian Sample, “Cockroach Robots? Not

Nightmare Fantasy but Science Lab Reality", *The Guardian*, March 3, 2015, https://www.theguardian.com/science/2015/mar/04/cockroach-robots-not-nightmare-fantasy-but-science-lab-reality.com/science/2015/mar/04/cockroach-robots-not-nightmare-fantasy（访问于 2020 年 11 月 20 日）。

4. 关于原始跳跃机器人的影像，参见 Plastic Pals 在 2011 年 10 月 31 日发布于 Youtube 网站的视频"Robots from MIT's Leg Lab"，https://www.youtube.com/watch?v=XFXj81mvInc（访问于 2020 年 11 月 20 日）。
5. 2015 年 DARPA 挑战赛中，液压油坠落后泄漏：Evan Ackerman and Erico Guizzo, "DARPA Robotics Challenge: Amazing Moments, Lessons Learned, and What's Next", *IEEE Spectrum*, June 11, 2015, https://spectrum.ieee.org/automaton/robotics/humanoids/darpa-robotics-challenge-amazing-moments-lessons-learned-whats-next/darpa-robotics-challenge-amazing-moments-lessons-learned-whats（访问于 2020 年 11 月 20 日）。
6. 波士顿动力公司的两足机器人阿特拉斯做体操，画面赏心悦目，参见 Engadget 在 2019 年 9 月 25 日发布于 Youtube 网站的视频"Boston Dynamics' Atlas Robot Now Does Gymnastics, Too"，https://www.youtube.com/watch?v=kq6mJOktIvM（访问于 2020 年 11 月 20 日）。本田 ASIMO 自动避障的更新视频，参见 Auto Channel 在 2011 年 11 月 12 日发布于 Youtube 的视频"Honda Unveils All-New ASIMO with Significant Advancements",https://www.youtube.com/watch?v=yND4k4NM0qU（访问于 2020 年 11 月 20 日）。
7. 卡内基梅隆大学的机器人专家回顾了两个团队在 2015 年 DARPA 挑战赛中的表现：C. G. Atkeson et al., "What Happened at the DARPA Robotics Challenge, and Why?" https://www.cs.cmu.edu/~cga/drc/jfr-what.pdf（访问于 2020 年 11 月 20 日）。
8. 能源密度表：https://en.wikipedia.org/wiki/Energy_density（访问于 2020 年 11 月 20 日）。
9. G. Gabrieli and T. von Karman, "What Price Speed", *Mechanical Engineering* 72, no. 10 (1950): 775–781.
10. 关于机器人能效的讨论：Navvab Kashiri et al., "An Overview on Principles for Energy Efficient Robot Locomo- tion", *Frontiers in Robotics and AI*, December 11, 2018,https://www.frontiersin.org/articles/10.3389/frobt.2018.00129/full#note2. frontiersin.org/articles/10. 3389 /frobt 2018 .00129 /full#note2（访问于 2020 年 11 月 20 日）。
11. 关于糖电池的著作：Sebastian Anthony, "Sugar-Powered Bio- battery Has 10 Times the Energy Storage of Lithium: Your Smartphone Might Soon Run on Enzymes", *ExtremeTech*, January 21, 2014,https://www.extremetech.com/extreme/175137-sugar-

powered-biobattery-has-10-times-the-energy-storage-of-lithium-your-smartphone-might-soon-run-on-enzymes-has-10-times-the-energy-storage-of-lithium-your-smartphone-might（访问于 2020 年 11 月 20 日）。

12. 关于仿生飞行机器人的最新研究成果，参见 Kate Baggaley, "Forget Props and Fixed Wings: New Bio-inspired Drones Mimic Birds, Bats and Bugs", *NBC News*, July 30, 2019,https://www.nbcnews.com/mach/science/forget-props-fixed-wings-new-bio-inspired-drones-mimic-birds-ncna1033061/mach/science/forget-props-fixed-wings-new-bio-inspired-drones（访问于 2020 年 11 月 20 日）。
13. IEEE 机器人目录对 Smartbird 的描述：https://robots.ieee.org/robots/smartbird（访问于 2020 年 11 月 20 日）。
14. 关于法国的娱乐机器鱼 Jessiko，参见 http://www.robotswim.com/?lang=English（访问于 2020 年 11 月 20 日）。机器鱼很小 (23 厘米长)，据说通过感应，两次充电之间可以游泳 9 个小时。机身配有 LED 灯，可以改变颜色。
15. IEEE 有一个蛇形机器人的视频片段，既能游泳也能滑行，但目前还不清楚是否被远程操作："Snake Bot", *IEEE Spectrum*, video posted to YouTube, December 23, 2013, https://www.youtube.com/watch?v=vCrN47cOmHQ（访问于 2020 年 11 月 20 日）。

第四章

1. 关于当时的媒体报道，参见 Martin Wainwright, "Robot Fails to Find a Place in the Sun", *The Guardian*, June 20, 2002, https://www.theguardian.com/uk/2002/jun/20/engineering.highereducation（访问于 2020 年 11 月 20 日）。
2. 早在 1900 年前后，美国心理学先驱 George Stratton 就在德国莱比锡 (Leipzig) 读博士时，他用倒立眼镜进行了许多早期实验。对眼镜的上下和左右都进行了颠倒。在 1897 年的论文中，George Stratton 声称一周后又看到了正确的方向。20 世纪 50 年代在奥地利进行的研究表明，戴眼镜的人看世界的方式并不正确，但他们能够调整自己的行为，就好像他们自己在现实世界中是颠倒的一样。关于这项在奥地利进行的实验，有一部经典的电影作品，参见 https://www.youtube.com/watch?v=jKUVpBJalNQ?v=jKUVpBJalNQ。
3. 广泛应用于视觉处理的开源库是 OpenCV(开放计算机视觉)，https://opencv.org/ 包含了所有的经典算法，现在也收录了基于机器学习的方法。
4. 机器人生态系统已经受到研究关注很长时间，例如 20 多年前布鲁塞尔的研究人员，参见 A. Birk, "Where to Watch" (1997), Semantic Scholar, https://pdfs.semanticscholar.org/50b4/51436a7e1608fc8c72789533e49c7a88a3ca.pdf.semanticscholar.org/50b4/51436a7e1608fc8c72789533e49c7a88a3ca（访问于 2020 年 11 月 20 日）。

5. 有关人类嗅觉系统如何工作的更多信息，参见 Allison Marin (Curley), “Making Sense of Scents: Smell and the Brain”, Brain Facts.org, January 27, 2015, https://www.brainfacts.org/thinking-sensing-and-behaving/smell/2015/making-sense-of-scents-smell-and-the-brain（访问于 2020 年 11 月 20 日）。
6. 关于气体机器人，参见 V. H. Bennetts et al., “Gasbot: A Mobile Robotic Platform for Methane Leak Detection and Emission Monitoring” (2012), Semantic Scholar, https://pdfs.semanticscholar.org/8ff6/de5226e43b67c3993c63f995cb001eeada99.pdf（访问于 2020 年 11 月 20 日）。

第五章

1. 卡尔曼滤波器是以一位匈牙利移民的名字命名的，他在 20 世纪 50 年代末和 60 年代初成为美国公民，并与其他工程师和数学家一起发明了这种滤波器。关于卡尔曼滤波器的简单介绍，参见 https://www.bzarg.com/p/how-a-kalman-filter-works-in-pictures（访问于 2020 年 11 月 20 日）。在互联网中可以找到这种工具的使用方法。也可参见 YouTube 上的 MatLab 教程，该工具包经常用于卡尔曼滤波器的实现。https://www.youtube.com/watch?v=mwn8xhgNpFY（访问于 2020 年 11 月 20 日）。
2. 这种关于机器人的观点来自不同的研究人员，但与麻省理工学院的 Rodney Brooks 的联系最为密切。Brooks 在 1987 年首次发表了该主题的论文，但最终的论文是“Intelligence Without Representation”, *Artificial Intelligence* 47, nos.1–3 (1991): 139–159.
3. Ron Arkin 是该领域的另一位主要研究人员，他对该主题进行了全面的研究。Ronald C. Arkin, *Behavior-Based Robotics* (Cam- bridge, MA: MIT Press, 1998).
4. 有关SLAM的教程，参见Søren Riisgard and Rufus Blas Morten, “SLAM for Dummies: A Tutorial Approach to Simultaneous Localization and Mapping”, 2005, http://citeseerx.ist.psu.edu/viewdoc/summary?doi=10.1.1.208.6289（访问于 2020 年 11 月 20 日）。
5. Hugh Durrant-Whyte 和 John Leonard 两位科学家提出了 SLAM，他们借鉴了三位早期科学家的工作成果。
6. 维基百科对 DARPA 大型挑战赛有翔实的描述，参见 https://en.wikipedia.org/wiki/DARPA_Grand_Challenge（访问于 2020 年 11 月 20 日）。
7. 伦敦码头区轻轨 (DLR) 于 1987 年开通，是第一条无人驾驶地铁，自动驾驶级别为 3 级。从那时起，许多 4 级系统已经或正在配置中。有些是短时的机场系统，有些仍然需要人工操作员，但它们可以在没有人的情况下运行。
8. 自 2008 年以来，力拓（Rio Tinto）一直在澳大利亚皮尔巴拉地区提高开采铁矿石的自动化水平。人类操作员在干燥和高温的条件下工作会出现问题。因此在几百英里外的珀斯有一个控制中心，可以远程监视和高级控制操作。力拓最近还增加了将铁矿石运往港口的自动列车。

9. 用于城市引导交通管理和指挥 / 控制系统的 IEC 国际标准，参见 https://webstore.iec.ch/publication/6777.ch/publication/6777 (accessed November 20, 2020)。
10. 美国忧思科学家联盟（The US Union of Concerned Scientists）在 2009 年的一次讨论中引用了六个级别的自由度，https://www.ucsusa.org/resources/self-driving-cars-101（访问于 2020 年 11 月 20 日）。
11. 美国国家运输安全委员会对事故的初步报告，参见 https://www.ntsb.gov/investigations/AccidentReports/Reports/HWY18MH010-prelim.pdf（访问于 2020 年 11 月 20 日）。
12. 一位丰田设计师和前机器人专家给出了更为谨慎的评估，参见 Philip E. Ross, "Q&A: The Masterminds behind Toyota's Self-Driving Cars Say AI Still Has a Way to Go", *IEEE Spectrum,* June 29, 2020, https://spectrum.ieee.org/transportation/self-driving/qa-the-masterminds-behind-toyotas-selfdriving-cars-say-ai-still-has-a-way-to-go-driving/qa-the-masterminds-behind-toyotas-selfdriving-cars-say-ai-still-has-a-way-to-go。

第六章

1. 早在 2006 年，Deep Fritz 就以 4 比 2 战胜了世界象棋冠军 Vladimir Kramnik。参见 Chessbase.com, https://en.chessbase.com/post/kramnik-vs-deep-fritz-computer-wins-match-by-4-2（访问于 2020 年 11 月 20 日）。
2. 讨论 AlphaGo 比赛的部分内容，参见 Fun Call Centre 在 2018 年 1 月 5 日发布于 YouTube 的视频 "Lee Sedol vs AlphaGo Move 37 Reactions and Analysis", https://www.youtube.com/watch?v=HT-UZkiOLv8&t=43s（访问于 2020 年 11 月 20 日）。很明显，棋子的移动是程序计算得出，由人类实现的。
3. 在 2010 年的小规模操纵挑战赛中，机器人在普通棋盘上用斯汤顿棋子下棋，参见 Monica Anderson et al., "Report on the AAAI 2010 Robot Exhibition", *AI Magazine* 32, no. 3 (Fall 2011),https://aaai.org/ojs/index.php/aimagazine/article/view/2317，2011 年机器人棋手再次回归，参见 Sonia Chernova et al., "The AAAI 2011 Robot Exhibition", *AI Magazine* 33, no. 1 (Spring 2012), https://aaai.org/ojs/index.php/aimagazine/article/view/2398（访问于 2020 年 11 月 20 日）。
4. 文章讨论了食品和酒店服务日益自动化是否会导致失业 : Alana Semuels, "Robots Will Transform Fast Food", *The Atlantic*, January–February 2018, https://www.theatlantic.com/magazine/archive/2018/01/iron-chefs/546581（访问于 2020 年 11 月

20 日）。

5. 日本煎饼机器人的原型，参见 Ikinamo 2009 年 6 月 16 日发布于 YouTube 的视频“A Robot That Cooks Japanese Okonomiyaki Pancakes”，https://www.youtube.com/watch?v=nv7VUqPE8AE（访问于 2020 年 11 月 20 日）。和以往情况类似，技术并不是引进机器人的唯一问题。关于美国加州使用汉堡包翻转机器人的文章，参见 Mark Austin, “Flippy Gets Fired: Burger Bot Shut Down after One Day on the Job”, Digitaltrends.com, March 10, 2018, https://www.digitaltrends.com/cool-tech/flippy-burger-flipping-robot-shut-down-flipping-robot-shut-down（访问于 2020 年 11 月 20 日）这个机器人打乱了厨房的工作流程。它无法根据需求调节速度，因此同人类合作的效果很差，在烹饪前仍然需要人类给肉饼调味，然后添加调味品才能上桌。因此，2018 年其使用计划被暂停。
6. 关于气动肌肉，参见 George Andrikopoulos, Stamatis Manesis, and George Nikolakopoulos, “A Survey on Applications of Pneumatic Artificial Muscles”，paper presented at the 19th Mediterranean Conference on Control and Automation (MED), Corfu, Greece, June，2011，https://www.researchgate.net/profile/George_Andrikopoulos/publication/259310538_A_Survey_on_applications_of_Pneumatic_Artificial_Muscles/links/55a969f108ae481aa7f985c1/A-Survey-on-applications-of-Pneumatic-Artificial-Muscles.pdf（访问于 2020 年 11 月 20 日）。
7. 关于使用形状记忆技术制造可长可短的人造肌肉，参见 University Saarland, “Keeping a Tight Hold on Things: Robot-Mounted Vacuum Grippers Flex Their Artificial Muscles”，*Science Daily*, March 23, 2018, https://www.sciencedaily.com/releases/2018/03/180323090956.htm（访问于 2020 年 11 月 20 日）。
8. 虽然现在已经停产，但巴克斯特机器人是一款专门的工业机器人，可以保证在它周围工作的人类是安全的。Matt Simon, “A Long Goodbye to Baxter, a Gentle Giant among Robots”，*Wired*, October 8, 2018, https://www.wired.com/story/a-long-goodbye-to-baxter-a-gentle-giant-among-robots.com/story/a-long-goodbye-to-baxter-a-gentle-giant-among-robots（访问于 2020 年 11 月 20 日）。
9. 休斯敦大学对机器人手部软传感器的研究，参见 Jeannie Kever,“Artificial ‘Skin’ Gives Robot Hand a Sense of Touch”，Phys.org, September 13, 2017, https://phys.org/news/2017-09-artificial-skin-robotic.html-09-artificial-skin-robotic.html（访问于 2020 年 11 月 20 日）。
10. 关于为机器人手臂制作触觉皮肤界面的项目，参见 https://marcteyssier.com/projects/skin-on（访问于 2020 年 11 月 20 日）。人造皮肤引发了恐怖谷效应；人们似乎觉得“毛骨悚然”。
11. 一项关于软机器人的研究很好展示了这些挑战，但发布时间有点过时，参见

Deepak Trivedi et al., “Soft Robotics: Biological Inspiration, State of the Art, and Future Research”, *Applied Bionics and Biomechanics*, 5, no. 3 (October 2008): 99–117, https://doi.org/10.1080/11762320802557865117623208025578 65（访问于2020年11月20日）

12. 耶鲁大学的研究人员用弹性机器人皮肤制作了一个柔软的玩具。William Weir, “‘Robotic Skins’ Turn Everyday Objects into Robots”, *Yale News*, September 19, 2018, https://news.yale.edu/2018/09/19/robotic-skins-turn-everyday-objects-robots/09/19/robotic-skins-turn-everyday-objects-robots. 也可参见 J. W. Booth, D. Shah, J. C. Case, E. L. White, M. C. Yuen, O. Cyr-Choiniere, and R. Kramer-Bottiglio, “OmniSkins: Robotic Skins That Turn Inanimate Objects into Multifunctional Robots”, *Science Robotics* 3, no. 22 (2018): eaat1853, https://robotics.sciencemag.org/content/3/22/eaat1853（访问于2020年11月20日）。
13. 关于一台具有24个自由度商用机械手的例子，参见 https://www.shadowrobot.com/products/dexterous-hand（访问于2020年11月20日）。
14. 关于美国研究小组开发出在结构上非常接近人手的机械手的文章，参见 Evan Ackerman, “This Is the Most Amazing Biomimetic Anthropomorphic Robot Hand We’ve Ever Seen”, *IEEE Spectrum*, February 18, 2016, https://spectrum.ieee.org/automaton/robotics/medical-robots/biomimetic-anthropomorphic-robot-hand（访问于2020年11月20日）。
15. 关于义肢的一些基本思想收录于 B. Dellon and Y. Matsuoka, “Prosthetics, Exoskeletons, and Rehabilitation (Grand Challenges of Robotics)”, *IEEE Robotics and Automation Magazine* 14, no. 1 (2007), http://citeseerx.ist.psu.edu/viewdoc/download?doi=10.1.1.206.2443&rep=rep1&type=pdf（访问于2020年11月20日）。
16. 关于很多论文提及美国下肢假肢使用者的经历，调研证据参见 the National Center for Biotechnology Information (NCBI), “Lower Limb Prostheses: Measurement Instruments, Comparison of Component Effects by Subgroups, and Long-Term Outcomes”, https://www.ncbi.nlm.nih.gov/books/NBK531527（访问于2020年11月20日）。
17. 关于现代义肢的乐观探讨，参见 Patrick Kane, “Being Bionic: How Technology Changed My Life”, *The Guardian*, November 15, 2018, https://www.theguardian.com/technology/2018/nov/15/being-bionic-how-technology-transformed-my-life-prosthetic-limbs/2018/nov/15/being-bionic-how-technology-transformed-my-life（访问于2020年11月20日）。
18. 最近关于脊髓损伤患者外骨骼相关问题的讨论，参见 A. S. Gorgey, “Robotic Exoskeletons: The Current Pros and Cons”, *World Journal of Orthopedics* 9, no. 9

(2018): 122，https://www.ncbi.nlm.nih.gov/pmc/articles/PMC6153133/PMC6153133（访问于 2020 年 11 月 20 日）。

19. 关于通过脑机接口驱动外骨骼的新闻文章，参见 Amy Woodyatt, "Paralyzed Man Walks Using Brain-Controlled Robotic Suit", CNN, October 4, 2019, https://edition.cnn.com/2019/10/04/health/paralyzed-man-robotic-suit-intl-scli/index.html.cnn.com/2019/10/04/health/paralyzed-man-robotic-suit-intl-scli（访问于 2020 年 11 月 20 日）。
20. 工业外骨骼的最新概况，参见 Dan Kara, "Industrial Exoskeletons: New Systems, Improved Technologies, Increasing Adoption", *Robot Report*, December 6, 2018, https://www.therobotreport.com/industrial-exoskeletons（访问于 2020 年 11 月 20 日）。
21. "希望之手"是其中一种中风后康复的外骨骼，参见 http://www.rehab-robotics.com/hoh；活动中的"希望之手"参见 YouTube 视频 https://www.youtube.com/watch?v=9Ysa7FmDWrk 和 https://www.youtube.com/watch?v=9Ysa7FmDWrk（访问于 2020 年 11 月 20 日）。

第七章

1. 心理学家 Neel Burton 于 2018 年 11 月在 *Psychology Today* 上发表了一篇关于智能定义的文章(更新于 2019 年 6 月)，建议研究阿尔茨海默病的影响，指导智能的维度；参见 https://www.psychologytoday.com/gb/blog/hide-and-seek/201811/what-is-intelligence-and-seek/201811/what-is-intelligence（访问于 2020 年 11 月 20 日）。
2. 在 *The Mismeasure of Man*(1980) 一书中，Stephen Jay Gould 反对"智能可以被抽象为某个具有意义的单一数字，能够根据内在的和不可改变的精神价值的尺度对所有人进行排名"。
3. Herbert A. Simon, J. C. Shaw 和 Allen Newell 的通用问题解决器是用早期的编程语言 Fortran 编写的。它阐述了人类问题解决理论，但只能应用于"定义明确的"问题。举个例子，如何让一只狐狸、一只鹅和一棵卷心菜乘一艘单人船过河，假设无人看管，狐狸会吃掉鹅，鹅会吃掉卷心菜。对于整个方法的讨论，参见 Simon and Newell, "Human Problem-Solving: The State of the Theory in 1970", https://pdfs.semanticscholar.org/18ce/82b07ac84aaf30b502c93076cec2accbfcaa.pdf.semanticscholar.org/18ce/82b07ac84aaf30b502c93076cec2accbfcaa（访问于 2020 年 11 月 20 日）。
4. 这涉及被称为"符号落地"（symbol grounding）的概念。支持者认为，计算机系统如果能够将其操纵的符号与现实世界联系起来才能拥有智能。因此，一台智能计算机或机器人必须有传感器，并将传感器同对应的符号连接起来。

5. 认知科学家 Philip Johnson-Laird 认为，人类并没有将演绎作为一套逻辑规则来实施，而是将“推理理解为设想与起点一致的可能性——对世界的感知、一套断言、一段记忆，或混合后的结果”。他指出，同样的逻辑问题可以在现实世界中解决，但在抽象的环境中却无法解决。参见 P.N. Johnson-Laird, “Mental Models and Human Reasoning”, *Proceedings of the National Academy of Sciences* 107, no. 43 (2010):18243–18250。
6. 这是人工智能先驱 Marvin Minsky 的定义，参见其自传 https://www.britannica.com/biography/Marvin-Lee-Minsky（访问于 2020 年 11 月 20 日）。
7. 这一运动中最有影响力的两篇理论文本是 Terry Winograd and Fernando Flores, *Understanding Computers and Cognition: A New Foundation for Design* (Intellect Books, 1986) 以及 Lucy Suchman, *Plans and Situated Actions: The Problem of Human-Machine Communication* (Cambridge University Press, 1987)。两人都不认同当时的人工智能共识。
8. 关于这个定义和对人工智能可能产生的社会影响，参见 Joanna J. Bryson, “The Past Decade and Future of Ai’s Impact on Society”, *BBVA OpenMind*, February 2019, https://www.bbvaopenmind.com/wp-content/uploads/2019/02/BBVA-OpenMind-Joanna-J-Bryson-The-Past-Decade-and-Future-of-AI-Impact-on-Society.pdf-Joanna-J-Bryson-The-Past-Decade-and-Future-of-AI-Impact-on（访问于 2020 年 11 月 20 日）。
9. 许多研究人员关注的机器人架构涉及一系列相互关联的行为反应。其中最著名的是 Rodney Brooks 的包容架构。参见 Brooks, “Intelligence without Representation”, *Artificial Intelligence* 47, nos.1–3 (1991): 139–159, https://courses.media.mit.edu/2002fall/mas962/MAS962/brooks 3.1.pdf（访问于 2020 年 11 月 20 日）。
10. 对于机器人 Shakey 来说，这是第一个将这些人工智能理念应用于机器人的项目，参见 Daniela Hernandez, “Tech Time Warp of the Week: Shakey the Robot, 1966”, *Wired*, September 27, 2013, https://www.wired.com/2013/09/tech-time-warp-shakey-robot（访问于 2020 年 11 月 20 日）。
11. 计划行动序列在灵长类动物和鸦类动物中都有发现。参见 Elizabeth Pennisi, “Ravens—like Humans and Apes—Can Plan for the Future”, *Science,* July 13, 2017, https://www.sciencemag.org/news/2017/07/ravens-humans-and-apes-can-plan-future（访问于 2020 年 11 月 20 日）。
12. 参见第四章注释 44 above。
13. CMU 合作机器人，参见 M. M. Veloso, J. Biswas, B. Coltin, and S. Rosenthal, “CoBots: Robust Symbiotic Autonomous Mobile Service Robots”, IJCAI, July 2015, 4423, https://pdfs.semanticscholar.org/468d/43734488e0e29c3c11f2c15d9b1fb6f1adc4.pdf（访问于 2020 年 11 月 20 日）。

14. 例如，Peter Jackson, *Introduction to Expert Systems*, 3rd ed. (Addison- Wesley, 1998)。
15. MYCIN 早期是处理细菌性血液感染的专家系统，后来发展成为综合的系统，称为 INTERNIST，后又形成 CADUCEUS。G. Banks, "Artificial Intelligence in Medical Diagnosis: The INTERNIST/CADUCEUS Approach", *Critical Reviews in Medical Informatics* 1, no. 1 (1986): 23–54.XCON 是一个早期的配置专家系统。这种方法被计算机公司用于组装小型计算机组件，现在被广泛应用于模块化住宅建筑、制造业、许多在线定制配置系统和大型商业环境，如 SAP。参见 A. Felfernig, L. Hotz, C. Bagley, and J. Tiihonen, *Knowledge-Based Configuration: From Research to Business Cases* (Morgan Kaufmann, 2014)。像许多实践中使用的人工智能一样，它不再被认为是人工智能。
16. 工业机器人必须在其特定的工程环境中准确地移动，并且通常受到教学软件的编程控制。这种手持设备允许工程师将机器人手臂从一个点移动到另一个点，并记录运动以供以后使用。
17. 从历史悠久的乐高头脑风暴公司 (Lego Mindstorms) 那里，可以买到大量小型、廉价的机器人，例如自建的微型机器人手臂、形状新颖的滚动球形机器人等。
18. 人们觉得这句话出自 Einstein，但是没有确凿证据。
19. Olivia Solon, "Roomba Creator Responds to Reports of 'Poop ocalypse'：'We See This a Lot'", *The Guardian*, August 15, 2016, https://www.theguardian.com/technology/2016/aug/15/roomba-robot-vacuum-poopocalypse-facebook-post-poopocalypse-facebook-post. 可在 Facebook（现称 Meta）上查看受害者的照片：https://www.theguardian.com/technology/2016/aug/15/roomba-robot-vacuum-poopocalypse-facebook-post https://www.facebook.com/jesse.newton.37/posts/776177951574（访问于 2020 年 11 月 20 日）。

第八章

1. Karl Sims, "Evolving Virtual Creatures", in *Proceedings of the 21st Annual Conference on Computer Graphics and Interactive Techniques* (ACM, July 1994), 15–22, https://www.karlsims.com/papers/siggraph94.pdf 运动中的小砖块，参见 https://www.karlsims.com/papers/siggraph94.pdf 及 https://www.youtube.com/watch?v=JBgG_VSP7f8（访问于 2020 年 11 月 20 日）。
2. 关于遗传算法的实用教程，作者是该领域的先驱之一，John Holland，参见 http://www.2.econ.iastate.edu/tesfatsi/holland.gaintro.htm（访问于 2020 年 11 月 20 日）。
3. J. B. Pollack and H. Lipson, "The GOLEM Project: Evolving Hardware Bodies and Brains", in *Proceedings:(IEEE, July* 2000*)*, 37–42, https://www.researchgate.net/publication/3864695_The_GOLEM_project_evolving_hardware_bodies_and_brains

（访问于 2020 年 11 月 20 日）。

4. 这项研究属于进化机器人这一活跃领域。参见 Agoston E. Eiben, “Grand Challenges for Evolutionary Robotics”, *Frontiers in Robotics and AI*, June 30, 2014, https://www.frontiersin.org/articles/10.3389/frobt.2014.00004/full#B14（访问于 2020 年 11 月 20 日）。
5. 关于机器人强化学习的研究调查，参见 J. Kober, J. A. Bagnell, and J. Peters, “Reinforcement Learning in Robotics: A Survey”, *International Journal of Robotics Research* 32, no. 11 (2013):1238–1274,http://www.cs.cmu.edu/~jeanoh/16-785/papers/kober-ijrr2013-rl-in-robotics-survey.pdf（访问于 2020 年 11 月 20 日）。
6. 剑桥大学研究员 Alex Kendall 发表了一篇有趣的博客文章，讨论了将强化学习应用于现实世界机器人的具体问题：“现在需要将强化学习应用于真正的机器人了。” https://alexgkendall.com/reinforcement_learning/now_is_the_time_for_reinforcement_learning_on_real_robots（访问于 2020 年 11 月 20 日）。
7. 强化学习研究人员 Alex Irpan 在一篇博客文章中指出，一个强化学习系统需要 1800 万个例子才能学会如何在雅达利 (Atari) 游戏中走一步好棋，而人类在几十分钟内就能学会。“Deep Reinforcement Learning Doesn't WorkYet”, February 14, 2018, https://www.alexirpan.com/2018/02/14/rl-hard.html（访问于 2020 年 11 月 20 日）。
8. 弗雷德和金吉机器人，参见 D. P. Barnes, R. A. Ghanea- Hercock, R. Aylett, and A. M. Coddington, “Many Hands Make Light Work? An Investigation into Behaviorally Controlled Cooperant Autonomous Mobile Robots”, *Agents*, February 1997, 413–420, http://citeseerx.ist.psu.edu/viewdoc/download?doi=10.1.1.53.3565&rep=rep1&type=pdf（访问于 2020 年 11 月 20 日）。
9. Kendall, “Now Is the Time”.
10. Irpan, “Deep Reinforcement Learning”.
11. 瑞典哲学家 Nick Bostrom 的思想实验，讨论了对机器人行为进行道德约束的必要性。N. Bostrom, “Ethical Issues in Advanced Artificial Intelligence”, in *Science Fiction and Philosophy: From Time Travel to Superintelligence* (London: Wiley-Blackwell, 2009), 277–284.
12. Marvin Minsky and Seymour Papert, *Perceptrons: An Introduction to Computational Geometry* (Cambridge, MA: MIT Press, 1969). 感知加速器被认为扼杀了人们最初对人工神经网络的热情。
13. 反向传播算法早在 20 世纪 60 年代就被提出了，但从未发表；大多数研究人员都是通过下述书籍了解的，D. E. Rumelhart, G. E. Hinton, and R. J. Williams, “Learning Internal Representations by Error Propagation”, in *Parallel Distributed Processing*, ed. D. E. Rumelhart and J. L. McClelland (Cambridge, MA: MIT Press,

1986).

14. 哲学家 Hubert Dreyfus 严厉批评人工智能炒作，认为整个方法从根本上就是错误的。他关于这个主题的最后一本书是 *What Computers Still Can't Do: A Critique of Artificial Reason* (Cambridge, MA: MIT Press, 1992)。Hubert Dreyfus 于 2017 年去世，但可以在在线杂志上看到 Gerben Wierda 的一篇文章，他认为这一切都是真的，*InfoWorld*, March 21, 2018, https://www.infoworld.com/article/3263755/something-is-still-rotten-in-the-kingdom-of-artificial-intelligence.html（访问于 2020 年 11 月 20 日）。
15. 谷歌照片（Google Image）的错误标签，参见 James Vincent, "Google 'Fixed' Its Racist Algorithm by Removing Gorillas from Its Image-Labeling Tech", *The Verge,* January 12, 2018, https://www.theverge.com/2018/1/12/16882408/google-racist-gorillas-photo-recognition-algorithm-ai（访问于 2020 年 11 月 20 日）。看来基本错误还有待修正。
16. 狼和狗的例子，参见 Gary Marcus, "In Defense of Skepticism about Deep Learning", Medium.com, January 14, 2018, https://medium.com/@GaryMarcus/in-defense-of-skepticism-about-deep-learning-6e8bfd5ae0f1（访问于 2020 年 11 月 20 日）。
17. OpenAI 对魔方机器人的流行描述，参见 https://openai.com/blog/solving-rubiks-cube（访问于 2020 年 11 月 20 日）。完整研究论文，参见 I. Akkaya, M. Andrychowicz, M. Chociej, M. Litwin, B. McGrew, A. Petron, A. Paino, et al., "Solving Rubik's Cube with a Robot Hand", October 17, 2019, https://arxiv.org/pdf/1910.07113.pdf（访问于 2020 年 11 月 20 日）。
18. 许多魔方的网友评论指出了其成功和局限性，例如，Will Knight, "Why Solving a Rubik's Cube Does Not Signal Robot Supremacy", *Wired*,October 16, 2019, https://www.wired.com/story/why-solving-rubiks-cube-not-signal-robot-supremacy（访问于 2020 年 11 月 20 日）。
19. 有关麻省理工学院机器人学习玩叠叠乐的文章，参见 Matt Simon, "A Robot Teaches Itself to Play Jenga. But This Is No Game", *Wired*, January 30, 2019, https://www.wired.com/story/a-robot-teaches-itself-to-play-jenga（访问于 2020 年 11 月 20 日）。更多技术细节，参见 N. Fazeli, M. Oller, J. Wu, Z. Wu, J. B. Tenenbaum, and A. Rodriguez, "See, Feel, Act: Hierarchical Learning for Complex Manipulation Skills with Multisensory Fusion", *Science Robotics* 4, no. 26 (2019): 3123, https://jiajunwu.com/papers/jenga_scirobot.pdf（访问于 2020 年 11 月 20 日）。
20. 想了解更多关于 iCub 机器人的信息，参见 http://www.icub.org/（访问于 2020 年 11 月 20 日）。
21. 关于练习爬行，参见 L. Righetti and A. J. Ijspeert, "Design Methodologies for Central

Pattern Generators: An Application to Crawling Humanoids”, in *Proceedings of Robotics: Science and Systems* (2006),191–198, http://robotcub.org/misc/papers/06_Righetti_Ijspeert_RSS.pdf（访问于 2020 年 11 月 20 日）。

22. 发展机器人的综合研究，参见 M. Asada, K. Hosoda, Y. Kuniyoshi, H. Ishiguro, T. Inui, Y. Yoshikawa, M. Ogino, and C. Yoshida, “Cognitive Developmental Robotics: A Survey”, *IEEE Transactions on Autonomous Mental Development* 1, no. 1 (2009):12–34, https://www.cs.tufts.edu/comp/150DR/readings/week1/Asada09g.pdf/Asada09g.pdf（访问于 2020 年 11 月 20 日）。
23. Grey Walter 及其工作的介绍，参见 O. Holland, “The First Biologically Inspired Robots”, *Robotica* 21, no. 4 (2003): 351–363, https://pdfs.semanticscholar.org/d992/8f7c0f91bde0e9364e8dc997749e0c5f10b4.pdf（访问于 2020 年 11 月 20 日）。
24. 本领域概览，参见 P. van der Smagt, M. A. Arbib, and G. Metta, “Neurorobotics: From Vision to Action”, in *Springer Handbook of Robotics*(Spring, 2016), 2069–2094, https://mediatum.ub.tum.de/doc/1289380/file.pdf（访问于 2020 年 11 月 20 日）。
25. 其他用于治疗帕金森的神经机器人项目，参见 http://www.macs.hw.ac.uk/neuro4pd（访问于 2020 年 11 月 20 日）。

第九章

1. 已故著名数学问题专栏作家 Martin Gardner 的文章，参见 “Mathematical Games: The Fantastic Combinations of John Conway’s New Solitaire Game ‘Life’”, *Scientific American* 223 (October 1970): 120–123, https://web.stanford.edu/class/sts145/Library/life.pdf（访问于 2020 年 11 月 20 日）。网上有很多实际使用的案例；参看 Android 设备的 Google Play 和 IOS 设备的 Apple App Store。
2. 涌现是一种关于复杂性的科学观点，自称是笛卡尔还原论的另一种方法。更多涌现关于本领域及其他方面的介绍，参看 Melanie M. Mitchell, *Complexity: A Guided Tour* (Oxford University Press, 2009).
3. 著名的科普书中讨论过这一问题，参见 D. R. Hofstadter, *Gödel, Escher, Bach: An Eternal Golden Braid* (New York: Vintage, 1979)。
4. 关于当前群体机器人的基础生物学思想，参见 S. Garnier, J. Gautrais, and G. Theraulaz, “The Biological Principles of Swarm Intelligence”, *Swarm Intelligence* 1, no. 1 (2007): 3–31, https://www.researchgate.net/profile/Simon_Garnier/publication/220058931_The_biological_principles_of_swarm_intelligence/links/09e41507701a2e0675000000.pdf（访问于 2020 年 11 月 20 日）。
5. 欲望之路，参见 Kurt Kohlstedt, “Least Resistance: How Desire Paths Can Lead to Better Design”, *99% Invisible*, January 25, 2016, https://99percentinvisible.org/

article/least-resistance-desire-paths-can-lead-better-design（访问于 2020 年 11 月 20 日）。他认为，美国的一些大学和其他公共机构已经把欲望之路作为指引，目的是铺设更长久的道路。

6. Garnier, Gautrais, and Theraulaz, “Biological Principles of Swarm Intelligence”.
7. 蚂蚁算法在机器人之外的调度、数据通信路由、图像处理等领域得到了很好的应用。Jean- Louis Deneubourg 和合作者在 20 世纪 80 年代末和 90 年代初对蚂蚁进行了一系列实验，Dorigo 等人在 20 世纪 90 年代中期将其推广为一套算法。M. Dorigo, V. Maniezzo, and A. Colorni, “The Ant System: Optimization by a Colony of Cooperating Agents”, *IEEE Transactions on Systems, Man, and Cyber- netics, Part B: Cybernetics* 26, no. 1 (1996): 29–41, http://www.cs.unibo.it/babaoglu/courses/cas05-06/tutorials/Ant_Colony_Optimization.pdf（访问于 2020 年 11 月 20 日）。
8. 例如，哈佛大学的研究人员开发了 Kilobot，并对 1024 个这样的机器人进行了实验。“A Swarm of One Thousand Robots”, *IEEE Spectrum*, video posted to YouTube, August 14, 2014, https://www.youtube.com/watch?v=G1t4M2XnIhI（访问于 2020 年 11 月 20 日）。每个机器人都有三种行为，通过振动移动，并与反射的红外线通信。
9. 从群体机器人研究开始，推箱子就成为一项标准的实验任务；参见 C. R. Kube and H. Zhang, “Collective Robotics: From Social Insects to Robots”, *Adaptive Behavior* 2, no. 2 (1993): 189–218,http://biorobotics.ri.cmu.edu/papers/sbp_papers/integrated1/kube_collective_robotics.pdf（访问于 2020 年 11 月 20 日）。
10. “Cancer-Fighting Nanorobots Programmed to Seek and Destroy Tumors”, *Science Daily*, February 12, 2018, https://www.sciencedaily.com（访问于 2020 年 11 月 20 日）。
11. 关于介绍这一思想的论文，参见 Craig Reynolds, “Flocks, Herds and Schools: A Distributed Behavioral Model”, in *SIGGRAPH '87: Proceedings of the 14th Annual Conference on Computer Graphics and Interactive Techniques* (New York: Association for Computing Machinery, 1987), 25–34。
12. 关于实施群体工程主题的文章，参见 A. F. T. Winfield, C. J. Harper, and J. Nembrini, “Towards Dependable Swarms and a New Discipline of Swarm Engineering”, in *Swarm Robotics Workshop: State-of-the-Art Survey*, vol. 3342, ed. Erol Şahin and William Spears (Berlin: Springer, 2005), 126–142, http://citeseerx.ist.psu.edu/viewdoc/download?doi=10.1.1.182.8033&rep=rep1&type=pdf（访问于 2020 年 11 月 20 日）。
13. 关于倡议的目的，参见 H. Kitano, M. Asada, Y. Kuniyoshi, I. Noda, E. Osawa, and H. Matsubara, “RoboCup: A Challenge Problem for AI”, *AI Magazine* 18, no. 1 (1997): 73–73, http://citeseerx.ist.psu.edu/viewdoc/download?doi=10.1.1.662.6314&rep=

rep1&type=pdf.ist.psu.edu/viewdoc/download?doi=10.1.1.662.6314&rep=rep1（访问于 2020 年 11 月 20 日）。关于机器人世界杯，参见 https://www.robocup.org/（访问于 2020 年 11 月 20 日）。这是一个非常开放的组织，每个不同的联盟都有自己的网站。

14. 关于小型机器人联盟的文章，参见 A. Weitzenfeld, J. Biswas, M. Akar, and K. Sukvichai, “RoboCup Small-Size League: Past, Present and Future”, in *Robot Soccer World Cup* (Springer, July 2014), 611–623, https://link.springer.com/chapter/10.1007/978-3-319（访问于 2020 年 11 月 20 日）。
15. 2015 年小尺寸机器人联赛的视频，参见 https://www.youtube.com/watch?v=HhikJB24m7M（访问于 2020 年 11 月 20 日）。
16. 卡内基梅隆大学的 CMDragons 是多年来最成功的一个团队，有篇文章回顾了该团队自 2013 年起的实践经验，参见 J. Biswas, J. P. Mendoza, D. Zhu, B. Choi, S. Klee, and M. Veloso, “Opponent-Driven Planning and Execution for Pass, Attack, and Defense in a Multi-robot Soccer Team”, in *Proceedings 2014 International Conference on Autonomous Agents and Multi-agent Systems*(IFAAM, May 2014), 493–500, http://aamas.csc.liv.ac.uk/Proceedings/aamas2014/aamas/p493.pdf（访问于 2020 年 11 月 20 日）。
17. 标准平台联盟使用的是软银公司（Soft Bank）的 NAO 机器人，这是一款大约 0.6 米高的人形机器人。关于这些机器人在 2018 年的精彩表现，参见 https://www.youtube.com/watch?v=pmFKoKtRW6s&vl=en（访问于 2020 年 11 月 20 日）。
18. 关于机器人世界杯机器人救援比赛的文章，参见 H. L. Akin, N. Ito, A. Jacoff, A. Kleiner, J. Pellenz, and A. Visser, “RoboCup Rescue Robot and Simulation Leagues”, *AI Magazine* 34, no. 1 (2013): 78–86, https://pure.uva.nl/ws/files/1996468/150144_RoboCup_Rescue_Robot_and_Simulation_Leagues.pdf（访问于 2020 年 11 月 20 日）。
19. 德国 Telerob 公司，https://www.telerob.com/en/news-media（访问于 2020 年 11 月 20 日）。
20. 机器人辅助搜救中心 (CRASAR) 网站 http://crasar.org，其他干预措施，参见 Daniel Faggella, “11 Robotic Applications for Search and Rescue”, *Huffington Post*, November 23, 2017,https://www.huffpost.com/entry/11-robotic-applications-for-search-and-rescue_b_5a173c9ae4b0bf1467a845c4（访问于 2020 年 11 月 20 日）。
21. 远程操作中自主水平的经典讨论出现于 T. B. Sheridan and W. L. Verplank, “Human and Computer Control of Undersea Teleoperators”, Tech.Rep., DTIC Document, 1978, https://apps.dtic.mil/dtic/tr/fulltext/u2/a057655.pdf（访问于 2020 年 11 月 20 日）。
22. 关于应用于自主水下航行器相关问题的讨论，参见 H. Hastie, K. Lohan, M. Chantler, D. A. Robb, S. Ramamoorthy, R. Petrick, S. Vijayakumar, and D. Lane, “The

Orca Hub: Explainable Offshore Robotics through Intelligent Interfaces”, March 6, 2018, https://arxiv.org/pdf/1803.02100.pdf（访问于 2020 年 11 月 20 日）。

23. 哲学家 Daniel Dennett 是一位研究意识和其他主题的作家，他将这种观点描述为“有意立场”。

24. A. Malik, F. Giones, and T. Schweisfurth, “Meet the Cobots: The Robots Who Will Be Your Colleagues, Not Your Replacements”, *The Conversation*, October 29, 2019, http://theconversation.com/meet-the-cobots-the-robots-who-will-be-your-colleagues-not-your-replacements-125189-the-cobots-the-robots-who-will-be-your-colleagues-not-your-replace（访问于 2020 年 11 月 20 日）。

第十章

1. 关于 CIMON 的采纳，参见 Mike Wehner, “The International Space Station Is Getting a Floating AI Assistant, and It Sure Looks Familiar”, *BGR,* March 2, 2018, https://bgr.com/2018/03/02/cimon-iss-ai-space-station-nasa（访问于 2020 年 11 月 20 日）。
2. CIMON 古怪行为的视频，参见 Mike Wehner, “ESA’s Adorable Space Station AI Had an Emotional Meltdown in His Debut”, *BGR,* December 3, 2018, https://bgr.com/2018/12/03/cimon-ai-emotional-meltdown-iss（访问于 2020 年 11 月 20 日）。
3. 美国心理协会心理学词典（网址 :https://dictionary.apa.org/affect）将其定义为“任何感觉或情绪的体验，从痛苦到高兴，从简单的请求到最复杂的感觉，从最正常的到最病态的情绪反应”。
4. 神经生理学家 Antonio Damasio 在 *Descartes' Error: Emotion, Reason, and the Human Brain* (Putnam, 1994) 中，对笛卡尔的身心二元论提出了颇具影响力的反对意见，他认为理性需要情感。他的观点概括，参见 https://pdfs.semanticscholar.org/29de/be35fb6cbe3cdede9a6f0e993681874bc8ec.pdf（访问于 2020 年 11 月 20 日）。
5. 最近发布了一项关于情感的科普研究，参见 L. F. Barrett, *How Emotions Are Made: The Secret Life of the Brain* (Houghton Mifflin Harcourt, 2017)。
6. James Russell 在 1980 年将情绪按照两大维度进行分组，也就是后人所称的唤醒和效价。研究人员向很多人分发写有情绪名称的卡片，让他们把卡片分类。在最初的分类中，愤怒和恐惧是并排出现的，而对我们大多数人来说，这两种情绪的感觉是非常不同的。因此需要第三个维度——支配地位，用来区分愤怒与恐惧。关注整个过程的讨论，参见 A. Mehrabian, “Pleasure-Arousal-Dominance: A General Framework for Describing and Measuring Individual Differences in Temperament”, *Current Psychology* 14, no. 4 (1996): 261–292。
7. 关于开发一款好奇机器人，参见 P. Y. Oudeyer, F. Kaplan, V. V. Hafner, and A. Whyte,

"The Playground Experiment: Task-Independent Development of a Curious Robot", 2004, https://core.ac.uk/download/pdf/22873818.pdf（访问于 2020 年 11 月 20 日）。

8. 对认知评价的总结，参见 I. J. Rosemanand and C. A. Smith, "Appraisal Theory: Overview, Assumptions, Varieties, Controversies", in *Appraisal Processes in Emotion: Theory, Methods, Research*, ed. K. R. Scherer, A. Schorr, and T. Johnstone, Series in Affective Science (Oxford University Press, 2001), 3–19。
9. 对计算建模的认知评估最有影响的方法是由 Ortony、Clore 和 Collins 在 1984 年提出的，由于应用频繁，所以缩写为 OCC。A. Ortony, G. L. Clore, and A. Collins, *The Cognitive Structure of Emotions* (Cambridge Univeresity Press, 1990)。
10. Richard Lazarus 在 20 世纪 80 年代出版的著作中讨论了应对行为。R. S. Lazarus, "Coping Theory and Research: Past, Present, and Future", in *Fifty Years of the Research and Theory of R. S. Lazarus: An Analysis of Historical and Perennial Issues* (Mayweh, NJ: Laurence Erlbaum Associates, 1998), 366–388, http://emotionalcompetency.com/papers/coping research.pdf（访问于 2020 年 11 月 20 日）。
11. 关于国际象棋伴侣 iCat，参见 I. Leite, A. Pereira, C. Martinho, A. Paiva, and G. Castellano, "Towards an Empathic Chess Companion", *Autonomous Agents and Multiagent Systems (AAMAS)*, 2009, http://www.inesc-id.pt/ficheiros/publicacoes/6190.pdf（访问于 2020 年 11 月 20 日）。
12. 面部动作单元在心理学中被广泛用于解释人们互动的视频，每次一帧，形成一套面部动作编码系统 (FACS)。
13. 正如心理学中的许多情感理论一样，并不是所有心理学家都认同这一观点。提出这一观点的 Richard Ekman 报告说，在美国和新几内亚两个相隔甚远的文化中，所有这些表情都能从照片中辨认出来。R. Ekman, *What the Face Reveals: Basic and Applied Studies of Spontaneous Expression Using the Facial Action Coding System (FACS)* (Oxford University Press, 1997). 反对者认为，其中一些词经常被混淆——尤其是惊讶和厌恶，而表达的语境对人们如何对其进行分类有很大的影响。
14. 肯·佩林（Ken Perlin）是一位著名的动画研究者，他的众多研究成果，包括一种具有个性的积木"波利世界"，以及许多其他内容。https://mrl.nyu.edu/~perlin（访问于 2020 年 11 月 20 日）。
15. 软银（Soft Bank）的商用机器人 Pepper 和 Nao 没有任何面部运动，但它们的眼睛周围有彩色 led 灯，可以用来传达情感状态。
16. 同理心导师，参见 M. Obaid, R. Aylett, W. Barendregt, C. Basedow, L. J. Corrigan, L. Hall, A. Jones, A. Kappas, D. Küster, A. Paiva, and F. Papadopoulos, "Endowing a Robotic Tutor with Empathic Qualities: Design and Pilot Evaluation", *International*

Journal of Humanoid Robotics 15, no. 6 (2018): 1850025, https://sure.sunderland.ac.uk/id/eprint/10074（访问于 2020 年 11 月 20 日）。

17. 多模态情绪识别研究综述，参见 T. Baltrušaitis, C. Ahuja, and L. P. Morency, “Multimodal Machine Learning: A Survey and Taxonomy”, *IEEE Transactions on Pattern Analysis and Machine Intelligence* 41, no. 2 (2018): 423–443, https://arxiv.org/pdf/1705.09406.pdf（访问于 2020 年 11 月 20 日）。
18. Watson 的 IBM 内部账户，参见 D. A. Ferrucci, introduction to “This Is Watson”, *IBM Journal of Research and Development 56,* nos.3–4 (2012): 1–15, http://brenocon.com/watson_special_issue/01 Intro.pdf（访问于 2020 年 11 月 20 日）。

第十一章

1. Masahiro Fujita 早在 20 世纪 90 年代初就构思出了爱宝 (Aibo)，参见 “AIBO: Toward the Era of Digital Creatures”, *International Journal of Robotics Research* 20, no. 10 (2001): 781–794, https://journals.sagepub.com/doi/pdf/10.1177/02783640122068092（访问于 2020 年 11 月 20 日）。
2. 华盛顿大学的一个团队分析了 Aibo 在线论坛上的 6438 条帖子，调查用户对 Aibo 的感受。B. Friedman, P. H. Kahn Jr., and J. Hagman, “Hardware Companions? What Online AIBO Discussion Forums Reveal about the Human-Robotic Relationship”, in *Proc SIGCHI Conference Human Factors in Computing Systems* (ACM, April 2003), 273–280, https://www.vsdesign.org/publications/pdf/friedman03hardwarecompanions.pdf（访问于 2020 年 11 月 20 日）。
3. 《日本时报》(*Japan Times*) 报道称，初步销售情况十分喜人，参见 “Sales of Sony’s New Aibo Robot Dog Off to Solid Start”, May 7, 2018, https://www.japantimes.co.jp/news/2018/05/07/business/tech/sales-sonys-new-aibo-robot-dog-off-solid-start/#.XiIhrS10chs（访问于 2020 年 11 月 20 日）。
4. 例如，2013 年在美国 10 家养老院进行的一项研究显示出持续的影响。S. Šabanović, C. C. Bennett, W. L. Chang, and L. Huber, “PARO Robot Affects Diverse Interaction Modalities in Group Sensory Therapy for Older Adults with Dementia”, in 2013 *IEEE* 13*th International Conference on Rehabilitation Robotics (ICORR)* (IEEE, June 2013), 1–6, http://homes.sice.indiana.edu/selmas/Sabanovic-ICORR13.pdf（访问于 2020 年 11 月 20 日）。
5. 关于这一讨论，参见 I. Leite, C. Martinho, A. Pereira, and A. Paiva, “As Time Goes By: Long-Term Evaluation of Social Presence in Robotic Companions”, in *RO-MAN* 2009 *18th IEEE International Symposium on Robot and Human Interactive Communication* (IEEE,2009), 669–674, http://www.inesc-id.pt/ficheiros/

publicacoes/6182.pdf（访问于 2020 年 11 月 20 日）。

6. Bridget Carey, “My Week with Aibo: What It’s Like to Live with Sony’s Robot Dog”, *C/NET*, November 28, 2018, https://www.cnet.com/news/my-week-with-aibo-what-its-like-to-live-with-sonys-robot-dog.com（访问于 2020 年 11 月 20 日）。
7. 可以通过如下链接看到林赛机器人，https://www.youtube.com/watch?v=x6rA5E_Belk（访问于 2020 年 11 月 20 日）。相关文字内容，参见 F. Del Duchetto, P. Baxter, and M. Hanheide, “Lindsey the Tour Guide: Robot-Usage Patterns in a Museum Long-Term Deployment”, in *2019 28th IEEE International Conference on Robot and Human Interactive Communication (RO-MAN)* (IEEE, October 2019), 1–8, http://eprints.lincoln.ac.uk/37348/1/RO_MAN_Lindsey (1).pdf（访问于 2020 年 11 月 20 日）。
8. 孩子们在购物中心欺负机器人的案例，参见 D. Brscić, H. Kidokoro, Y. Suehiro, and T. Kanda, “Escaping from Children’s Abuse of Social Robots”, in *Proceedings 10th Annual ACM/IEEE International Conference on Human-Robot Interaction* (ACM, March 2015), 59–66, http://citeseerx.ist.psu.edu/viewdoc/download?doi=10.1.1.714.7880&rep=rep1&type=pdf（访问于 2020 年 11 月 20 日）。
9. 搭便车机器人，参见 https://web.archive.org/web/20140809025115 和 http://www.hitchbot.me/wp-content/media/hB_MediaKit_Summer2014.pdf；在美国费城被摧毁，参见 Dominique Mosbergen, “Good Job, America. You Killed hitchBOT”, *Huff Post*, August 3, 2015, https://www.huffingtonpost.co.uk/entry/hitchbot-destroyed-philadelphia_n_55bf24cde4b0b23e3ce32a67（访问于 2020 年 11 月 20 日）。
10. 消防疏散实验，参见 P. Robinette, W. Li, R. Allen, A. M. Howard, and A. R. Wagner, “Overtrust of Robots in Emergency Evacuation Scenarios”, in *11th ACM/IEEE International Conference on Human-Robot Interaction* (IEEE Press, March 2016), 101–108,https://sites.psu.edu/real/files/2016/08/Robinette-HRI-2016-1wswob0.pdf（访问于 2020 年 11 月 20 日）。
11. 做蛋卷的机器人伯特，参见 A. Hamacher, N. Bianchi- Berthouze, A. G. Pipe, and K. Eder, “Believing in BERT: Using Expressive Communication to Enhance Trust and Counteract Operational Error in Physical Human-Robot Interaction”, in *25th IEEE International Symposium on Robot and Human Interactive Communication (RO-MAN)* (IEEE, August 2016), 493–500, https://arxiv.org/ftp/arxiv/papers/1605/1605.08817.pdf（访问于 2020 年 11 月 20 日）。
12. 在实验中，一个机器人走向坐在桌旁的人，并将那个人索要的对象递给他，参见 K. Dautenhahn, M. Walters, S. Woods, K. L. Koay, C. L. Nehaniv, A. Sisbot, R. Alami, and T. Siméon, “How May I Serve You? A Robot Companion Approaching

a Seated Person in a Helping Context”, in *Proceedings 1st ACM SIGCHI/ SIGART Conference on Human-Robot Interaction* (ACM, 2006), 172–179, https://hal.laas.fr/hal-01979221/document（访问于 2020 年 11 月 20 日）。

13. 舒适距离表，参见 M. L. Walters, K. Dautenhahn, R. Te Boekhorst, K. L. Koay, D. S. Syrdal, and C. L. Nehaniv, “An Empirical Framework for Human-Robot Proxemics”, *Proceedings of New Frontiers in Human-Robot Interaction,* 2009,https://uhra.herts.ac.uk/bitstream/handle/2299/9670/903515.pdf（访问于 2020 年 11 月 20 日）。
14. 研究机器人手臂应该移动多快才能让人感到舒适，参见 M. K. Pan, E. Knoop, M. Bächer, and G. Niemeyer, “Fast Handovers with a Robot Character: Small Sensorimotor Delays Improve Perceived Qualities”, *IEEE/RSJ International Conference on Intelligent Robots and Systems (IROS),*2019, https://la.disneyresearch.com/publication/fast-handovers-with-a-robot-character-small-sensorimotor-delays-improve-perceived-qualities-handovers-with-a-robot-character-small-sensorimotor-delays-improve（访问于 2020 年 11 月 20 日）。
15. Rozita Dara 的一篇短文讨论了当前数字助理带来的隐私问题。参见“The Dark Side of Alexa, Siri and Other Personal Digital Assistants”, *The Conversation*, December 15, 2019, http://theconversation.com/the-dark-side-of-alexa-siri-and-other-personal-digital-assistants-126277（访问于 2020 年 11 月 20 日）。
16. 讨论如何为一个长寿的机器人伴侣建立记忆，参见 M. Y. Lim, R. Aylett, W. C. Ho, S. Enz, and P. Vargas, “A Socially-Aware Memory for Companion Agents”, in *International Workshop on Intelligent Virtual Agents* (Springer, September 2009), 20–26, https://www.researchgate.net/publication/221588267_A_Socially-Aware_Memory_for_Companion_Agents（访问于 2020 年 11 月 20 日）。
17. 社会辅助机器人已经成为一个明确的研究领域。概述，参见 M. J. Matarić and B. Scassellati, “Socially Assistive Robotics”, in *Springer Handbook of Robotics* (Springer, 2016), 1973–1994, https://robotics.usc.edu/publications/media/uploads/pubs/pubdb_1045_daf14ca731584017a19ca751e7459f4a.pdf（访问于 2020 年 11 月 20 日）。

第十二章

1. 当时宣传力度极大，但对微软（Microsoft）来说都不是好事。更独立的讨论，参见 G. Neff and P. Nagy, “Automation, Algorithms, and Politics Talking to Bots: Symbiotic Agency and the Case of Tay”, *International Journal of Communication* 10, no. 17 (2016): 4915–4931, https://ijoc.org/index.php/ijoc/article/viewFile/6277/1804（访问于 2020 年 11 月 20 日）。
2. Joseph Weizenbaum 是机器人伊丽莎的创造者，2008 年的这篇讣告概述了 Joseph 对伊丽莎的看法：https://www.independent.co.uk/news/obituaries/professor-joseph-weizen-baum-creator-of-the-eliza-program-797162.html（访问于 2020 年 11 月 20 日）。

3. 用户对与聊天机器人互动的感受，参见 P. B. Brandtzaeg and A. Følstad, "Why People Use Chatbots", in *International Conference on Internet Science* (Springer, 2017), 377–392, https://sintef.brage.unit.no/sintef-xmlui/bitstream/handle/11250/2468333/Brandtzaeg_Folstad_why+people+use+chatbots_authors+version.pdf（访问于 2020 年 11 月 20 日）。
4. 关于向语音助手寻求医疗建议的问题，参见 T. W. Bickmore, H. Trinh, S. Olafsson, T. K. O'Leary, R. Asadi, N. M. Rickles, and R. Cruz, "Patient and Consumer Safety Risks When Using Conversational Assistants for Medical Information: An Observational Study of Siri, Alexa, and Google Assistant", *Journal of Medical Internet Research* 20, no. 9 (2018): e11510, https://www.jmir.org/2018/9/e11510（访问于 2020 年 11 月 20 日）。
5. 2018 年 Alexa 挑战赛，竞争团队和比赛结果，参见 https://developer.amazon.com/alexaprize/challenges/past-challenges/2018（访问于 2020 年 11 月 20 日）。
6. 讨论滥用对话机器人以及如何处理机器人的想法，参见 A. C. Curry and V. Rieser, "A Crowd-Based Evaluation of Abuse Response Strategies in Conversational Agents", *Proceedings of the 20th Annual SIGdial Meeting on Discourse and Dialogue,* September 2019, 361–366, https://www.sigdial.org/files/workshops/conference20/proceedings/cdrom/pdf/W19-5942.pdf（访问于 2020 年 11 月 20 日）。
7. 美国研究人员正在制造军用移动机器人，这种机器人可以听取口头指令并报告任务，但机器人需要掌握在操作环境中必须具备的明确知识。David Hambling, "The US Army Is Creating Robots That Can Follow Orders", *MIT Technology Review*, November 6, 2019, https://www.technologyreview.com/s/614686/the-us-army-is-creating-robots-that-can-follow-ordersand-ask-if-they-dont-understand（访问于 2020 年 11 月 20 日）。
8. 谷歌研究人员汇报了自身的研究：C. C. Chiu, T. N. Sainath,Y. Wu, R. Prabhavalkar, P. Nguyen, Z. Chen, A. Kannan, R. J. Weiss,K. Rao, E. Gonina, and N. Jaitly, "State-of-the-Art Speech Recognition with Sequence-to-Sequence Models", in *2018 IEEE International Conference on Acoustics, Speech and Signal Processing (ICASSP)* (IEEE, April 2018), 4774–4778, https://arxiv.org/pdf/1712.01769.pdf（访问于 2020 年 11 月 20 日）。
9. 最近，一些研究试图为合成声音添加表达；参见 C.G.Buchanan, M. P. Aylett, and D.A. Braude, "Adding Personality to Neutral Speech Synthesis Voices", in *International Conference on Speech and Computer* (Springer, September 2018), 49–57, https://www.researchgate.net/profile/Christopher_Buchanan3/publication/327845291_Adding_Personality_to_Neutral_Speech_Synthesis_Voices/

links/5dc0a3e9a6fdcc21280478ca/Adding-Personality-to-Neutral-Speech-Synthesis-Voices.pdf（访问于 2020 年 11 月 20 日）。

10. 某实验比较了两个不同声音的机器人，参见 H. Hastie, K. Lohan, A. Deshmukh, F. Broz, and R. Aylett, “The Interaction between Voice and Appearance in the Embodiment of a Robot Tutor”，in *International Conference on Social Robotics* (Springer, November 2017), 64–74, https://pureapps2.hw.ac.uk/ws/portalfiles/portal/15871745/ICSR2017_final.pdf（访问于 2020 年 11 月 20 日）。
11. 这是对图灵言论的标准解释，他在不止一篇论文中讨论过这个问题，所以有些人认为他的观点随着时间推移而改变，并不完全像这个版本的测试所假设的那样。
12. 可通过维基百科了解多年来罗布纳奖（the Loebner Prize）和参赛选手的详细信息，参见 https://en.wikipedia.org/wiki/Loebner_Prize（访问于 2020 年 11 月 20 日）。
13. 关于说中文的房间的总结和回应，参见 D. Cole, “The Chinese Room Argument”，*Stanford Encyclopedia of Philosophy*，March 19, 2004, revised April 9, 2014, https://plato.stanford.edu/entries/chinese-room（访问于 2020 年 11 月 20 日）。
14. 研究语言发展理论的苏联心理学家 Lev Vygotsky 举了一个例子。L. S. Vygotsky, *Think- ing and Speech (*1934*), chap.*7, 270–271, https://www.marxists.org/archive/vygotsky/works/words/Thinking-and-Speech.pdf（访问于 2020 年 11 月 20 日）。
15. 语言游戏在机器人语言基础中的作用，参见 L. Steels, “Language Games for Autonomous Robots,” IEEE Intelligent Systems 16, no. 5 (2001): 16–22, https://digital.csic.es/bitstream/10261/128135/1/Language%20games.pdf (accessed November 20, 2020)。
16. Steels, “Language Games for Autonomous Robots”.

第十三章

1. 2017 年 4 月 26 日的采访，参见 https://www.youtube.com/watch?v=Bg_tJvCA8zw（访问于 2020 年 11 月 20 日）。尽量把视频看两遍，第二遍关掉声音，来评估所涉及的肢体语言。
2. 英国高级机器人研究者 Noel Sharkey 教授指出，索菲亚是一个“表演机器人”，是一种营销手段，他认为索菲亚在人工智能方面的能力存在故意欺骗，并为此感到失望。参见 “Mama Mia It’s Sophia: A Show Robot or a Dangerous Platform to Mislead?” *Forbes*, November 17, 2018, https://www.forbes.com/sites/noelsharkey/2018/11/17/mama-mia-its-sophia-a-show-robot-or-dangerous-platform-to-mislead.（访问于 2020 年 11 月 20 日）。
3. 人们越发担忧自动化决策系统，尤其是那些基于不透明机器学习方法的系统。荷兰于 2014 年引入了一款人工智能系统，用于识别潜在福利欺诈者，但该系统最近被裁定为非法。法院裁定，该系统违反了欧盟关于隐私和人权的法律。Don Jacobson, "Dutch Antifraud System Violates Human Rights, Court Rules", *UPI*, February 5, 2020, https://www.upi.com/Top_News/World-News/2020/02/05/Dutch-anti-fraud-system-violates-human-rights-court-rules/6051580914081（访问于 2020 年 11 月 20 日）。

4. IEEE 的研究，参见 https://standards.ieee.org/industry-connections/ec/autonomous-systems.html（访问于 2020 年 11 月 20 日）。
5. 欧盟 (EU) 制定了一套"值得信赖的人工智能道德准则（Ethics Guidelines for Trustworthy AI）"。参见 https://ec.europa.eu/digital-single-market/en/news/ethics-guidelines-trustworthy-ai（访问于 2020 年 11 月 20 日）。
6. 英国专家在机器人伦理原则方面的研究，参见 https://epsrc.ukri.org/research/ourportfolio/themes/engineering/activities/principlesofrobotics（访问于 2020 年 11 月 20 日）。
7. 对于机器人"提供证据"的关键描述，参见 James Vincent, "The UK Invited a Robot to 'Give Evidence' in Parliament for Attention", *The Verge, October 12, 2018,* https://www.theverge.com/2018/10/12/17967752/uk-parliament-pepper-robot-invited-evidence-select-committee（访问于 2020 年 11 月 20 日）。
8. 国际机器人武器控制委员会（ICRAC），以及关于机器人武器控制系统（LARs）的讨论材料，参见 https://www.icrac.net/（访问于 2020 年 11 月 20 日）。
9. 反对杀手机器人运动，https://www.stopkillerrobots.org/（访问于 2020 年 11 月 20 日）。
10. Peter Fussey and Daragh Murray, "Independent Report on the London Metropolitan Police Service's Trial of Live Facial Recognition Technology", project report, University of Essex Human Rights Centre, 2019. 这份报告尚未公开，但其内容见于 Rachel England, "UK Police's Facial Recognition System Has an 81 Percent Error Rate", *Engadget*, April 7, 2019, https://www.engadget.com/2019/07/04/uk-met-facial-recognition-failure-rate.engadget.com（访问于 2020 年 11 月 20 日）。
11. 有色人种，尤其是女性，人脸识别的相对不准确性，相关讨论见于 B. F. Klare, M. J. Burge, J. C. Klontz,R.W. V. Bruegge, and A. K. Jain, "Face Recognition Performance: Role of Demographic Information", *IEEE Transactions on Information Forensics and Security* 7, no. 6 (2012): 1789–1801, http://openbiometrics.org/publications/klare2012demographics.pdf（访问于 2020 年 11 月 20 日）。
12. 参见2016年提交给《常规武器公约》(CCW)代表的报告：Bonnie Docherty, "Killer Robots and the Concept of Meaningful Human Control", April 11, 2016, https://www.hrw.org/news/2016/04/11/killer-robots-and-concept-meaningful-human-control-

human-control（访问于 2020 年 11 月 20 日）。

13. 性爱机器人问题，参见 N. Sharkey, A. van Wynsberghe,S. Robbins, and E. Hancock, “Our Sexual Future with Robots”, Foundation for Responsible Robotics, 2017,https://responsible-robotics-myxf6pn3xr.netdna-ssl.com/wp-content/uploads/2017/11/FRR-Consultation-Report-Our-Sexual-Future-with-robots-pdf（访问于 2020 年 11 月 20 日）。
14. 一些青年男子团体创造低俗歌曲中，健康和安全问题得到解决。
15. 对此有文章的观点十分强烈，参见 K.Richardson, “Sex Robot Matters: Slavery, the Prostituted, and the Rights of Machines”, *IEEE Technology and Society Magazine* 35, no. 2 (2016): 46–53, https://dora.dmu.ac.uk/handle/2086/12126（访问于 2020 年 11 月 20 日）。
16. Sharkey et al., “Our Sexual Future with Robots”.
17. 举个例子描述这种困惑，最近有报道称英国政府正在“加速发展在福利体系中应用机器人”。但事实上，英国政府指的是使用机器学习的在线软件——与机器人毫无关系。Robert Booth, “Benefits System Automation Could Plunge Claimants Deeper into Poverty”, *The Guardian*, October 14, 2019, https://www.theguardian.com/technology/2019/oct/14/fears-rise-in-benefits-system-automation-could-plunge-claimants-deeper-into-poverty（访问于 2020 年 11 月 20 日）。
18. 举例，参见 Darrell M. West, “Will Robots and AI Take Your Job? The Economic and Political Consequences of Automation”, *Brookings TechTank*, April 18, 2018, https://www.brookings.edu/blog/techtank/2018/04/18/will-robots-and-ai-take-your-job-the-economic-and-political-consequences-of-automation（访问于 2020 年 11 月 20 日）。
19. 作者 Matt Ridley 在博客中举例解释了阿玛拉定律：参见 http://www.rationaloptimist.com/blog/amaras-law（访问于 2020 年 11 月 20 日）。
20. 国际机器人联合会的一篇博客文章给出了 2018 年工业试用机器人的销售数据；参见 https://ifr.org/post/strong-performance-in-the-us-europe-and-japan-drives-global-industrial-robo（访问于 2020 年 11 月 20 日）。
21. 关于协作机器人市场现状的讨论，参见 Ash Sharma, “Cobot Market Outlook Still Strong, Says Interact Analysis”, *Robotics Business Review*, January 24, 2019, https://www.roboticsbusinessreview.com/manufacturing/cobot-market-outlook-strong（访问于 2020 年 11 月 20 日）。
22. 2019 年 9 月 18 日，国际机器人联合会发布了 2018 年服务机器人销售数据和分解情况，https://ifr.org/ifr-press-releases/news/service-robots-global-sales-value-reaches-12.9-billion-usd（访问于 2020 年 11 月 20 日）。
23. 2017 年 9 月 *Market Watch* 的一份报告中也体现出这一点，该报告还将机器人与基于互联网的信息系统以及超市自助结账机等非机器人自动化混为一谈。

Sue Chang, “This Chart Spells Out in Black and White Just How Many Jobs Will Be Lost to Robots” , *Market Watch*, September 2, 2017, https://www.marketwatch.com/story/this-chart-spells-out-in-black-and-white-just-how-many-jobs-will-be-lost-to-robots-2017-05-31（访问于 2020 年 11 月 20 日）。

24. 这项研究是为了测试正在开发的社交机器人的会话能力，目标是挑战芬兰一家购物中心的环境。正如预期的那样，为期一周的测试揭示了第十二章中讨论的一些问题。从 *Africa News* 到 *Washington Post*，这则假新闻在出版物中广为流传。
25. 这不是一个纯粹的技术问题：被抛弃的 Baxter 和 Jibo 机器人都设计精良。
26. 系统维持和复制自身的过程被称为自创生 (autopoiesis)，这个术语是由智利生物学家 Humberto Maturana 和 Francisco Varela 在 1972 年创造的，用来定义活细胞的自我维持化学过程。他们称自创生为“组件的生产（转化和破坏）过程网络，通过组件的相互作用和转换，不断地再生和实现生产组件的过程（关系）网络”。当自创生系统崩溃，人们就会死亡。Humberto Maturana and Francisco Varela, *Autopoiesis and Cognition: The Realization of the Living*, 2nd ed. (Dordrecht, Holland: D. Reidel Publishing Company, 1980), 78.

索引*

（所注页码为英文原书页码）

Note: Page numbers in italics indicate figures.

* 斜体的数字表示相应页码上的图片。